118

원소들의
LIVE
케미스토리

118

원소들의
LIVE
케미스토리

홍영식 지음

Prologue

118 원소들의 LIVE 케미스토리를 시작하며

사과나무에 열린 사과의 수는 셀 수 있지만
사과 씨앗 속에 있는 사과의 수는 셀 수 없다.

오랫동안 화학을 직업으로 살아 왔지만, 따뜻한 감성과 인문학적 소양이 담긴 글을 쓰고 싶었다. 《에디톨로지》라는 책에서는 카드는 창의적 편집이 가능하고 노트는 불가능한데, 카드를 편집하려면 카드가 많아야 한다고 하였다. 내가 갖고 있는 카드는 원소의 주기율표였다.

주기율표에 있는 원소의 수는 118개이지만
이들 원소로 만든 화합물의 수는 무궁무진하다.

멘델레예프는 원소 이름과 그 특성이 적힌 카드를 수없이 편집한 끝에 만물의 언어인 원소의 주기율표를 만들었다. 나는 진주 구슬을 꿰어 목걸이를 만들듯 꼬리에 꼬리를 무는 과학 이야기로 이들 118개의 원소를 하나로 잇고 싶었다.

열기구의 원리를 깨달은 샤를은 수소기구를 만들고, 위험한 수소기구는 헬륨기구로 대체되었다. 초내열합금 엔진으로 제트기를 탄생시킨 다재다능한 니켈은 탄소에게 이차전지의 자리를 내주고, 탄소나노튜브는 실리콘 반도체에게 도전장을 내민다. 실리콘은 독극물의 원소, 비소를 이용하여 반도체가 되었다. 인간의 광기를 드러낸 염소 독가스를 만든 사람은 공기 중의 질소로 빵을 만든 두 얼굴의 천재 과학자 하버였다.

글을 쓰면서 다양한 카드들이 보였다. 용감했던 라이트 형제, 몽골피에 형제, 미쉐린 형제와 동료였던 분젠과 키르히호프, 스몰리와 크로토, 그리고 가족의 사랑으로 탄생한 던롭의 공기압 타이어와 메이블린 마스카라가 있었다. 부부로서 업적을 남긴 라부아지에 부부, 하버 부부, 퀴리 부부의 일생….

2008년 《웰컴 투 더 마이크로월드》와 2012년 《와우! 현미경 속 놀라운 세상》 이후로 세 번째 과학교양서적을 내게 되었다. 다소 어려운 내용과 무리한 전개가 있더라도 독자들의 너그러운 이해를 바란다.

2019년 서초동에서

Contents

01

이카로스의
꿈

Hydrogen, $_1$H / Helium, $_2$He

이카로스의 날개, 신밧드의 양탄자, 손오공의 근두운, ET의 자전거, 해리포터의 빗자루에는 파란 하늘을 마음껏 날고 싶은 인류의 꿈이 담겨있다.

태초 이래로 사람은 땅을 보면서 네 발로 걷는 동물들과는 달리 고개를 들어 하늘을 바라보며 갈망했다. 해와 달, 별, 구름, 무지개, 꿈과 희망 그리고 도전...

미노스 왕의 노여움으로 아버지 다이달로스와 함께 크레타 섬에 갇혀 있던 이카로스는 아버지가 만든 날개로 섬을 탈출한다. 날갯짓에 익숙해지자 이카로스는 "너무 높이 날아오르지 말라"는 다이달로스의 충고를 잊은 채 더 높이 날아올랐다. 그러나 날개를 붙이고 있던 밀랍 이 태양열에 의해 녹으면서 추락하고 말았다. 이카로스가 죽은 것은 과연 날개가 떨어졌기 때문이었을까?

1. 밀랍
일벌이 벌집을 만들 때 분비하는 물질로 접착제, 껌, 화장품, 광택제(왁스), 양초 등의 원료로 사용되며 약 70도에서 녹는다.

🔬 이카로스의 비밀

지구를 둘러 싼 대기는 온도의 분포에 따라 대류권, 성층권, 중간권, 열권으로 나뉜다. 대류권에서는 지표면이 햇볕을 받아 발산하는 복사열에 의해 대기의 온도가 높아지며, 위로 올라갈수록 이 효과가 감소하기 때문에 1 km 높아지면 온도는 약 6도 낮아진다. 반면 성층권에서는 오존이 자외선을 흡수하여 분해되고 다시 생성되는 과정에서 온도가 높아진다. 이후 80 km의 중간권까지 온도가 낮아지다가 열권에서 다시 높아진다.

이처럼 대류권, 성층권, 중간권의 온도는 밀랍의 녹는점보다 낮기 때문에 밀랍이 녹으려면 100 km 이상의 열권까지 날아올라야 한다. 이카로스는 밀랍이 녹기 전에 산소 부족과 추위로 인해 죽었을 것이다.

이카로스의 꿈을 이룰 비행기에 대한 꿈은 르네상스를 대표하는 예술가이자 천재 과학자였던 레오나르도 다 빈치(1452~1519)로부터 시작되었다. 그는 박쥐의 날개를 모방한 '오니숍터'와 시대를 앞선 다양한 비행체를 설계하였다. 그의 영감은 비행기 개발에 큰 영향을 미쳤지만, 윌버(1867~1912)와 오빌(1871~1948) 라이트 형제가 비행기를 발명하기까지는 400여 년이라는 긴 시간이 필요했다. 이카로스의 꿈을 이룬 최초의 비행체인 열기구와 비행기는 어떻게 개발되었을까?

🔬 몽골피에 형제

제지공장을 운영하던 조셉(1740~1810)과 쟈끄(1745~1799) 몽골피에 형제는 종이를 태울 때 생긴 재가 위로 올라가는 것을 유심히 관찰했다. 그들은 커다란 주머니에 뜨거운 연기를 채우면 하늘을 날아오를 수 있을 것이라 확신했다.

1783년 6월, 프랑스 마르세이유 광장에는 수많은 인파가 몰려들었다. 몽골피에 형제가 밀집 등을 태운 연기를 커다란 주머니 안으로 불어넣자 주머니가 부풀어 오르면서 들썩이더니 두둥실 떠올랐다. 열기구가 탄생한 것이다. 사람들은 '몽골피에 가스'라는 뜨거운 성분이 기구를 띄워 올린 것으로 생각했다. 9월에는 양과 닭, 오리 등을 실은 열기구가 떠올랐고, 11월에는 마침내 로지에(1754~1785)와 아를랑데(1742~1809)가 열기구를 타고 25분 동안 9 km를 이동하였다.

1783년 12월, 열기구에 자극을 받은 샤를(1746~1823)은 철과 젖산을 반응시켜 만든 원자번호 1번 수소(이후로 1번 수소로 부른다.)를 주머니에 채운 수소 기구로 로베르(1761~1828)와 함께 2시간 동안 비행에 성공했다. 그는 열기구를 띄워 올린 것은 몽골피에 가스가 아니라 팽창한 가벼운 공기라는 것을 알았고, 가장 가벼운 수소 기체를 이용한 것이었다.

수소를 발견한 사람은 캐번디시(1731~1810)였다. 그는 아연 금속을 산성 용액에 넣어 불이 잘 붙는 가연성 공기inflammable air를 발생(1766년)시켰다. 후에 산소와 반응하면 물이 생겨 '물을 만드는 원소'라는 뜻의 '수소(hydrogen)'로 명명되었다. 이것은 물이 원소가 아닌 화합물이라는 중요한 발견이었다. 아리스토텔레스(BC 384~322)가 '만물은 물, 불, 흙, 공기의 4원소로 이루어졌다'는 4원소설을 주장한 이래 2,100여 년간 지속된 믿음이 무너진 것이었다.

그러나 수소 기구로 프랑스에서 영국으로 비행하던 인류 최초의 비행사 로지에는 수소의 폭발로 인류 최초의 비행 사고 희생자가 되고 말았다. 수소가 연소되면서 생긴 열로 팽창한 기체의 압력에 의해 기구가 폭발한 것이었다. 이후 수소 대신에 안정한 불활성 기체인 2번 헬륨을 채운 기구를 사용하기 시작했다.

헬륨을 발견한 것은 장센(1824~1907)과 로키어(1836~1920)였다. 그들은 햇빛의 스펙트럼에서 지상에서 발견되지 않았던 새로운 원소를 발견(1868년)하여 그리스 신화의 태양신 헬리오스로부터 헬륨이라 불렀다. 램지(1852~1916)는 우라늄 광물에서 헬륨을 발견(1895년)하였다. 헬륨은 지구 대기의 0.0005%이며 수소는 헬륨의 10%에 불과했다. 가벼운 수소나 헬륨을 붙잡고 있을 정도로 지구의 중력이 세지 않기 때문이다. 우주에서 가장 많은 원소는 75%를 차지하는 수소이며, 두 번째는 헬륨이 25% 정도를 차지한다.

⚛ 플라이어호

그러나 열기구와 수소 기구는 방향을 조절할 수 없었다. 1804년, 케일리(1773~1857)는 새의 날개를 모방하여 상승 기류나 맞바람을 이용하여 활공하는 글라이더를 발명했다. 글라이더의 왕, 릴리엔탈(1848~1896)은 반복적인 비행에 성공했으며 상승 기류를 타면서 체공 시간을 늘렸다. 그러나 기류를 이용한 글라이더도 원거리 비행에는 한계가 있었다. 문제는 동력이었으며, 1870년대에 가솔린 엔진이 발명되면서 하늘을 마음껏 날기 위한 준비는 무르익고 있었다.

1903년 12월 17일, 마침내 미국 노스캐롤라이나 키티호크 해안에서 인류 최초의 비행기, '플라이어호'가 굉음을 내며 하늘로 날아올랐다. 라이트 형제가 가솔린 엔진을 장착한 비행기로 12초 동안 36 m를 시작으로 이 날 시험 비행에서 59초 동안 244 m를 난 것이었다. 고도와 방향을 조절하는 승강타와 방향타 등을 갖춘 플라이어호는 글라이더와 완전히 다른 비행체였다. 이후 20세기 최고의 발명품인 비행기의 성능은 급속도로 향상되었다. 불과 15년 후인 제1차 세계대전(1914~1918)에서 기관총을 장착한 비행기는 적에게 심각한 타격을 가하는 전투기로서의 위용을 떨쳤다.

조선시대에 글라이더보다 훨씬 먼저 비행체를 제작한 기록이 남아 있다. 신경준 (1712~1781)의 '여암전서'에 의하면 1590년대 정평구가 만든 비거는 가운데 큰 가죽 주머니에 들어있던 압축공기를 주머니 아래쪽 구멍으로 분출하면서 진주성 밖으로 30리를 날았다고 한다. 이규경(1788~?)은 '오주연문장전산고'에 '원주에 사는 정평구 선생이 따오기 모양을 한 비차를 만들어 날개로 배를 치며 바람을 일으켜 공중에 떠올라 백 척을 능히 날 수 있었다.'고 기록하였다. 뿐만 아니라 임진왜란에 대한 일본의 '왜사기(倭史記)'에도 정평구의 비거가 1592년 임진왜란 때에 진주성 전투에서 사용되었다고 기록됐다. 비거는 글라이더보다 무려 200년 이상 앞서 제작된 자랑스러운 조상의 과학 문화유산인 것이다.

아~ 힌덴부르크호!

글라이더 이후 하늘의 주도권을 놓고 라이트 형제의 비행기와 치열한 경쟁을 벌였던 것은 체펠린(1838~1917)의 비행선이었다. 체펠린은 알루미늄 골격에 천을 덮은 후, 주머니에 수소를 채운 비행선을 제작(1907년) 했다. 이 비행선도 승강타와 방향타를 갖추고 있었으며 수소의 양으로 이·착륙을 조절하면서 느리지만 많은 인원과 화물을 싣고 먼 거리를 비행할 수 있었다. 항공의 쌍두마차 시대가 열린 것이다.

1937년 5월 6일, 뉴저지의 비행장에는 독일에서 출발하여 대서양을 횡단한 힌덴부르크호를 보려는 인파로 북적였다. 힌덴부르크호는 객실과 식당, 그랜드 피아노와 산책용 통로까지 갖춘 '하늘의 타이타닉'이라 불리던 245 m 길이의 인류 역사상 가장 큰 초호화 비행선이었다. 그러나 힌덴부르크호는 착륙 직전, "쾅!"하는 폭음과 함께 공중에서 시뻘건 화염에 휩싸이고 말았다. 하늘에서 쏟아지는 무수한 잔해와 함께 비행장은 현장을 탈출하려는 사람들로 아수라장이 되고 말았다. 이로 인해 비행선은 막을 내리고 본격적인 비행기 시대가 열리게 되었다.

힌덴부르크호의 폭발은 타이타닉호 침몰(1912년), 우주 왕복선 챌린저호 폭발(1986년)과 함께 가장 비극적인 20세기 사고 중 하나였다.

힌덴부르크호는 왜 폭발했을까? 원인은 비행선을 이륙시키기 위해 사용했던 수소가 마찰로 생긴 정전기에 의해 폭발한 것이었다. 독일도 수소의 위험성을 알고 있었으나, 천연가스 유정으로부터 대부분의 헬륨을 생산하던 미국은 독일이 비행선을 군사용 목적으로 사용할 것을 우려하여 팔지 않았다. 결국 독일은 수소를 사용했던 것이다.

수소나 헬륨 이외의 다른 기체는 사용할 수 없을까? 비행선은 공기에 의한 부력을 이용한다. 공기보다 가벼운 기체로 암모니아, 메테인, 질소 등이 있지만 암모니아는 독성이 있으며, 메테인 역시 반응성이 크고, 질소는 공기만큼 무거워서 부력이 거의 발생하지 않는다.

제트기 시대

그러나 플라이어호에 장착한 내연기관 엔진은 추진력에 비해 무겁고, 프로펠러 재료는 초음속 회전을 견딜 수 없어 비행기의 성능 개선에는 한계가 있었다. 이를 해결한 것은 휘틀(1907~1996)이 고안한 제트엔진이었다. 독일의 하인켈(1888~1958)이 최초로 제트기를 제작(1939년)하면서 제트기와 이를 추적하는 영국의 레이더[2]의 쫓고 쫓기는 추격전은 제2차 세계대전(1939~1945)의 승패에 결정적인 영향을 미쳤다.

제트엔진은 엔진의 앞쪽에서 유입된 공기를 고압으로 압축시켜 연소기에서 연료를 연소시킬 때 발생하는 연소 가스의 반작용에 의해 추진력

---

2. 레이더
대상물에 발사된 전자파가 반사되어 돌아오는 시간으로 대상물까지의 거리와 방향, 고도 등을 알아내는 장치

을 얻는다. 이러한 제트엔진은 수천 도의 고온에도 녹지 않는 재료가 필요했다. 녹는점이 3,423도로 가장 높은 금속인 텅스텐은 가공하기가 어려웠다. 비록 28번 니켈의 녹는점은 3,180도로 텅스텐보다 낮았지만, 마모와 부식에 강한 75번 레늄[3] 등을 니켈에 첨가한 초내열합금 재료를 이용한 제트엔진을 만들면서 제트엔진의 강력한 힘을 이용한 비행기가 제작되기 시작했다.

제트

대류권과 성층권의 경계인 고도 9~10 km의 대류권계면에서는 제트기류가 겨울에는 북위 35°에서 시속 130 km로, 여름에는 북위 50°에서 시속 65 km 정도로 서에서 동쪽으로 빠르게 흐른다. 제트기류는 제2차 세계대전 당시 미군 폭격기가 아시아에서 임무를 수행한 후 더 빠르게 복귀하면서 알려졌다. 그러나 이미 1920년대 초 제트기류를 발견한 일본은 이를 이용하여 풍선에 매단 폭탄으로 미국을 공격하기도 했다.

'제트'란 기체나 물의 빠른 흐름을 말한다. 마찬가지로 비행기 엔진에서 연료가 연소될 때 뜨거운 기체의 빠른 흐름인 제트가 발생하기 때문에 제트엔진, 제트기라 한다. 특히 비행기는 연료비 절감과 비행시간 단축을 위해 제트기류를 이용한다. 우리나라에서 미국으로 가는 항공편은 제트기류를 이용하지만, 돌아올 때는 제트기류를 피해 북극항로로 우회한다. 이 경우 서울에서 로스앤젤레스까지는 11시간, 반대는 13시간 정도 소요된다.

---

3. 레늄
라인 강의 라틴어 이름인 레누스에서 유래하며 레늄의 대부분은 제트엔진에 사용된다.

콩코드기와 스텔스기

비행기 제작 기술과 초내열합금 개발은 초음속 콩코드 여객기와 침묵의 스텔스 폭격기를 탄생시켰다.

1976년, 대서양 항로에 취항한 콩코드기는 시속 2,000 km 이상으로 비행하여 3시간 반 만에 대서양을 횡단했다. 당시 콩코드기는 첨단기술의 상징이었으나 초음속 비행에서 발생하는 충격파에 의한 엄청난 소음과 연료 소모는 논란을 불러 일으켰다. 또한 동체가 노후되면서 고액의 유지비와 항공료가 필요했고, 추락 사고로 승객 전원이 사망하면서 2003년에 운행이 중단되었다.

스텔스기는 상대의 레이더에 위치를 잡히지 않으면서 작전을 수행하는 최첨단 비행기이다. 스텔스란 '은밀하게 조용히 이뤄지는 일'을 뜻한다. 스텔스기의 비밀은 무엇일까? 스텔스기의 표면은 레이더를 흡수하거나 다른 방향으로 반사시키도록 처리되어 있어 레이더에 감지되지 않는다. 스텔스기는 아군에게는 '하늘의 제왕'이었지만, 상대에게는 '하늘의 저승사자'였던 것이다.

우주로의 도약

하늘을 마음껏 날게 된 인류의 꿈은 머나먼 우주를 향하게 되었다. 1957년 10월 4일, 소련이 인공위성 스푸트니크 1호를 발사하면서 미국과 소련의 자존심이 걸린 우주 경쟁이 시작되었다. 스푸트니크 쇼크를 계기로 미국은 우주 개발 계획에 박차를 가해 1958년, 익스플로러 1호를 발사했다.

1961년에는 소련의 유리 가가린(1934~1968)이 인류 최초로 지구 궤도

를 선회하였다. 이에 케네디 대통령(1917~1963)은 달 착륙을 목표로 하는
아폴로 계획을 발표하였다. 1969년 7월 21일, 마침내 아폴로 11호의 선장,
닐 암스트롱(1930~2012)은 달에 인류의 첫발을 내딛었고, "이것은 한 명
의 인간에게 있어서는 작은 한 걸음이지만, 인류에게 있어서는 위대한 도
약이다"라고 말했다. 계속해서 미국과 소련은 무인 행성 탐사에도 경쟁을
벌였으며, 1977년에 발사된 미국의 보이저 1, 2호는 현재 태양계를 벗어나
미지의 우주를 향해 나아가고 있다.

● ● ● ● ●

하늘을 향한 인류의 도전

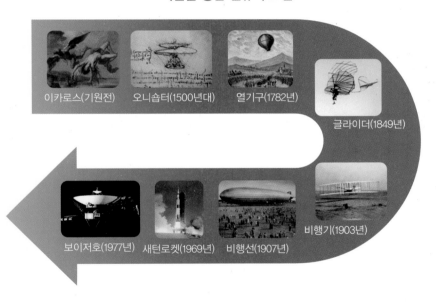

이카로스(기원전) 오니숍터(1500년대) 열기구(1782년) 글라이더(1849년)

보이저호(1977년) 새턴로켓(1969년) 비행선(1907년) 비행기(1903년)

02

올챙이
시절

Nickel, $_{28}$*Ni*

인류를 공포로 몰아넣은 제1차 세계대전에서 비행기는 기관총을 장착한 전투기로 개량되었다. 제2차 세계대전에서는 프로펠러 전투기를 제트기로 개발하려는 영국과 독일의 치열한 경쟁이 있었다. 엔진에서 발생하는 뜨거운 가스에도 녹지 않고 고속 회전이 가능한 가스 터빈을 어떻게 만들까?

그 열쇠는 75번 레늄을 첨가한 28번 니켈을 용융시킨 후 급속 냉각시켜 만든 초내열합금(superalloy)이었다. 세계를 일일생활권의 지구촌으로 탈바꿈시킨 초내열합금은 오늘날 에너지 절약과 환경보호를 위한 발전용 터빈의 재료로 사용되면서 더욱 중요해지고 있다.

청동기와 철기 시대를 거치면서 금속은 다양한 분야에 적용되기 시작했다. 금속에 첨가하는 원소의 종류나 비율에 따른 새로운 특성을 갖는 합금 개발은 첨단과학기술의 핵심이었다. 그 중에서 니켈은 초내열합금뿐만 아니라 형상기억합금, 수소저장합금, 이차전지, 철의 표면 처리 등에 널리 사용된다.

🐾 형상기억합금

　'개구리 올챙이 적 생각 못한다'는 높은 자리에 오르거나 경제적으로 성공하면 어려웠던 시절을 기억하지 못한다는 속담이다. 그러나 약방의 감초처럼 다재다능한 금속, 니켈은 자신의 과거를 확실히 기억하는 형상기억합금의 원소였다.

　형상기억합금shape memory alloy은 특정 온도에서 만든 물체를 변형시켜도 그 온도가 되면 원래의 형상으로 돌아가는 합금이다. 예를 들어 100도에서 열처리한 형상기억합금 안경테를 실수로 밟아서 모양이 뒤틀리더라도, 온도를 다시 100도로 올려주면 원래 안경테로 복원된다. 형상기억합금 치아교정 와이어도 원리가 같다. 원하는 틀에 맞게 제작된 와이어를 치아에 부착하면 치아의 모양과 상관없이 체온에 의해 원래 틀로 돌아가려는 복원력이 계속 작용하여 치아를 교정시킨다. 형상기억합금 메모리 브라 와이어도 세탁할 때 휘고 구부러져도 체온에 의해 원래대로 복원된다.

　형상기억합금은 아폴로 계획에서 부피가 큰 파라볼라 안테나를 달에 보내기 위한 것이었다. 형상기억합금 와이어로 묶어 우주선에 장착한 파라볼라 안테나는 달에 착륙 후 태양열에 의해 와이어가 펼쳐지면서 지구와 송신할 수 있었던 것이다. 마찬가지로 인공위성에 전기를 공급하는 태양전지판도 형상기억합금 와이어가 풀리면서 전지판이 펼쳐져 전기를 발생시킨다.

　형상기억합금은 1950년대에 알려져 있었으나 귀금속인 금과 중금속인 카드뮴의 합금이라는 단점이 있었다. 1963년, 미해군병기 연구소에서 바닷물에서도 녹슬지 않고 잠수함에 사용할 수 있는 니켈-티타늄 합금을 연구하던 중, 구부러진 합금이 담뱃불에 의해 펴지는 것을 우연히 발견하였다. 형상기억합금 니티놀[4]이 탄생한 것이었다.

형상기억합금의 복원력의 비밀은 무엇일까? 금속은 탄성한계 이상의
힘에 의해 변형되면 다른 금속 원자와의 새로운 결합으로 그 형태가 고정
된다. 그러나 고온에서 특정한 형태로 만든 형상기억합금 ①번은 상온에
서 모양은 유지한 채 결합구조만 ②번으로 달라지고, 이것을 ③번으로 변
형시키더라도 다시 적절한 온도로 가열하면 원래 구조 ①번으로 복원되
면서 변형이 풀린다. 이것은 외부에서 힘을 가하지 않으면 저온에서도 그
형태를 유지한다.

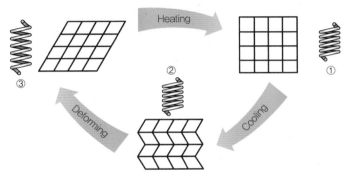

변형과 온도에 따른 형상기억합금의 원리

형상기억합금은 인간의 상상력을 자극했다. 공상과학 영화 '터미네이
터2, 심판의 날(1991년)'에서 악당, 살인 병기 T-1000은 아무리 총을 맞아
도 순식간에 원상 복구되는 형상기억합금 불사신이었다. 미래형 자동차
에도 형상기억합금은 필요하다. 사고로 차체가 찌그러져도 온도만 조절
하면 복원이 가능한 자동차! 경제성 있는 형상기억합금이 개발된다면 결
코 불가능한 상상만은 아닌 것이다.

---

4. 니티놀
이 합금은 니켈과 티타늄, 그리고 해군 연구소 이름으로부터 명명되었다.

☄️ 수소저장합금

1969년, 미국은 형상기억합금을 비롯한 첨단과학기술의 산물로 소련의 무인 우주선 스푸트니크 발사의 충격을 극복하고 아폴로 11호와 암스트롱을 달에 착륙시켰다. 우주를 향한 인류의 역사적인 첫걸음이 시작된 것이다.

미국은 1972년 아폴로 17호까지 6회에 걸쳐 달을 탐사하였다. 이 중, 톰 행크스(1956~) 주연의 '아폴로 13'은 우주선에 전기를 공급하는 연료전지의 산소 탱크 폭발로 인한 위기를 극복하고 지구로 귀환하는 기적적인 과정을 재현한 영화였다.

연료전지는 음극에서 연료인 수소의 산화와 양극에서 산소가 환원되면서 전류가 흐른다. 데이비(1778~1829)가 전기로 물을 수소와 산소로 분해한 것과는 달리, 그로브(1811~1896)는 수소와 산소를 반응시켜 연료전지를 개발(1839년)한 것이었다. 연료전지는 화석연료의 연소에 의한 기체의 압력으로 터빈을 회전시켜 전기를 발생시키는 화력발전과 같은 중간과정이 없이 연료에서 바로 전기를 만드는 효율이 높고 소음이 적으며 부산물로 물만 생기는 친환경적인 전기발생장치이다. 또한 수소와 산소의 반응에서 생긴 열은 난방에 이용할 수 있다.

환경오염과 온실효과의 부정적인 면이 부각되고 있는 화석연료를 대체하기 위한 수소는 수력, 풍력, 지열, 태양열 등과 함께 청정에너지원으로 주목을 받고 있다. 경제사회학자 제레미 리프킨(1945~)은 '수소 경제'에서 수소가 기존의 경제, 정치, 사회를 근본적으로 바꿀 것이라고 예측했다. 그러나 수소의 가장 큰 문제는 힌덴부르크호의 폭발에서 알 수 있듯이 수소를 낮은 온도에서 액체로, 혹은 높은 압력에서 기체로 안전하게 보관할 수 있는 저장 방법이다.

연료전지 자동차를 물로 가는 자동차라 부르는 것은 물의 전기분해로 얻은 수소로 전기를 발생시키면서 주행하고 부산물로 물만 생기기 때문에 환경오염이 없다는 것을 강조하기 위한 표현이다. 그러나 물의 전기분해에도 많은 에너지가 소모되기 때문에 실제로는 메테인 가스를 수증기로 분해하거나 제철공장이나 석유화학공장에서 부산물로 발생하는 수소를 사용한다. 또는 전력 사용량이 적은 심야 시간에 물을 전기분해하여 사용한다.

어떻게 수소를 안전하게 보관할수 있을까? 그 중 하나는 수소를 저장하는 수소저장합금이다. 수소 분자가 합금에 닿으면 수소 원자로 분해되면서 금속 원자들 틈새로 끼어 들어가 금속수소화물을 형성한다. 수소의 압력이 높아지면 수소는 계속 틈새로 들어가는데, 이 방법은 액화 수소보다 더 많은 수소를 저장할 수 있어 수소저장합금은 미래형 연료전지 자동차 개발의 핵심 기술이다.

금속이 수소를 저장하는 것은 1900년대 초에 란타넘 금속에 수소의 압력을 높이면 수소가 금속에 흡수되면서 오히려 수소의 압력이 낮아지는 것으로부터 알려져 있었다. 그러나 일단 흡수되면 란타넘 금속과 수소가 강하게 결합되어 사용할 수 없었다. 그 해결책은 친화력이 큰 란타넘과 결합력이 약한 니켈의 수소저장합금, LaNi5의 개발이었다. 그럼에도 불구하고 수소저장합금은 여전히 무겁고, 수소를 사용하려면 가열해서 기화시켜야 하는 단점이 남아 있다.

🔬 니카드 전지

형상기억합금 니티놀, 수소저장합금 LaNi5와 함께 니켈은 충전하여 반복 사용할 수 있는 이차전지의 대명사였던 니켈카드뮴(Ni-Cd)전지, 즉 니카드전지의 재료였다.

1859년, 플랑테(1834~1889)가 개발한 납축전지는 가격이 싸고 용량이 컸지만 납에 의한 환경문제를 야기했다. 또한 에너지 밀도가 낮아 소형 전자 제품에는 적합하지 않았다.

1970년에 개발된 니카드전지는 효율이 좋고 수명이 길어 즉시 휴대용 전자기기에 사용되었다. 그러나 이 전지는 니켈의 뛰어난 기억력으로 인한 메모리 효과의 단점을 갖고 있었다. 형상기억합금이 원래 형상을 기억하듯이, 니카드전지도 완전히 사용하지 않고 충전하면 그 를 기억하고 있어 용량이 점차 감소한다. 즉, 70%만 사용하고 30%가 남은 상태에서 충전하면 70%만 사용이 가능한 용량으로 기억하는 것이다.

니카드 전지의 메모리 효과

게다가 카드뮴은 고통이 심한 이타이이타이병을 일으키는 중금속이었다. 니카드전지는 고출력이 필요한 특수 용도에만 사용되었고, 이어서 니켈금속수소(NiMH)전지가 개발되었다. 이 전지는 용량은 컸지만, 낮은 온도에서는 성능이 크게 떨어졌다. 형상기억합금, 수소저장합금에서 뛰어난 활약을 펼쳤던 니켈도 이차전지에서는 그 힘을 발휘하지 못했지만 최근에 다시 주목을 받고 있다.

1990년대에 이르러 통신기술의 발달로 휴대폰이 상용화되면서, 21세기는 더 작고 더 가볍고 더 오래 사용할 수 있는 새로운 이차전지를 찾고 있었다. 이에 혜성처럼 등장한 것은 3번 리튬과 6번 탄소를 이용한 리튬이온전지였다. 그러나 휴대폰에는 73번 탄탈럼과 함께 안타까운 고릴라의 외침이 들어 있었다.

• • • • •

니켈의 다양한 용도

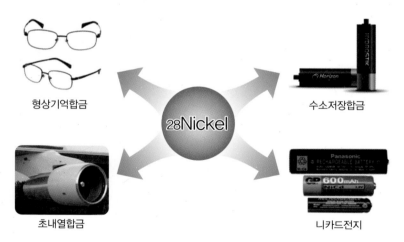

형상기억합금

수소저장합금

초내열합금

니카드전지

03

고릴라의
외침

Rechargeable
Li-ion
battery

3.7V
2800mAh
10.36Wh

Lithium, ₃Li / Tantalum, ₇₃Ta

초강력 파워를 가진 리튬이온전지는 곧바로 니카드전지와 니켈금속수소전지를 밀어내고 가볍고, 얇고, 짧고, 작은 경박단소(輕薄短小)를 지향하는 소형 전자제품의 전원으로 사용되었다.

휴대폰의 핵심 부품인 반도체는 사람의 두뇌, 디스플레이는 눈과 같다. 그러나 이들도 온 몸에 피를 공급하는 심장처럼 전기를 공급하는 전지가 없다면 무용지물이다. 특히 휴대폰은 인터넷, TV, GPS, 카메라 등의 다양한 기능을 갖는 스마트폰으로 진화하면서 전력 소모량이 크게 늘어나 오래 사용할 수 있는 리튬이온전지가 더욱 중요해졌다.

리튬이온전지의 핵심 원소는 양극과 음극 사이를 셔틀버스처럼 왕복하는 3번 리튬이다. 1818년, 엽장석을 분석하던 알페드손은 분석된 성분 모두를 합해도 부족한 것으로부터 리튬을 발견했다. 베르셀리우스(1779~1848)는 이 원소를 '돌'을 뜻하는 그리스어 '리토스'에서 리튬이라 명명했다. 돌이 어떻게 이차전지의 핵심 원소로 거듭나게 되었을까?

🦠 고릴라의 외침

  21세기의 급속한 기술발전은 스마트폰과 전기자동차 시대를 주도하고 있다. 그러나 전기를 공급하는 리튬이온전지를 사용하면 할수록, 안타깝게도 아프리카 콩고에 있는 고릴라를 포함한 야생동물들의 서식지가 파괴되고 있다. 리튬이온전지와 고릴라 서식지는 어떤 관계가 있을까?

  스마트폰에는 리튬이온전지의 3.7 V 전압을 일정하게 공급하여 부품의 손상을 막는 커패시터가 있어, 이것의 주원료인 73번 탄탈럼[5]이 함유된 콜탄 광석의 수요가 폭발적으로 증가하였다. 그런데 아프리카 콩고에서 생산되는 콜탄으로 콩고 반정부군에게 전쟁자금이 조달되면서 내전이 장기화되고, 고릴라를 비롯한 야생동물들이 마구잡이로 희생되고 있다. "띠리리리~"스마트폰의 벨소리에는 고릴라의 안타까운 외침이 담겨있는 것이다.

🦠 갈바니와 볼타

  고릴라의 외침은 개구리 뒷다리에서 시작되었다. 1780년, 갈바니(1737~1798)는 죽은 개구리의 발에 철사와 놋쇠를 대자 발이 움직이는 것을 보고, 개구리에는 동물 전기가 흐른다고 믿었다. 이것은 큰 관심을 끌었으며, 이를 재현하려는 사람들로 개구리의 씨가 마를 지경이었다. 그러나 같은 금속 두 개를 대면 전기는 흐르지 않았다.

  볼타(1745~1827)는 개구리가 아닌 금속의 성질에 주목했다. 그는 은과

---

5. 탄탈럼
1802년 에케베리(1767~1813)가 발견하였다. 탄탈럼 산화물은 강산에도 녹지 않아 지옥에서 영원한 형벌을 받는 탄탈로스에서 탄탈럼이 유래되었다.

아연 판 사이에 소금물을 적신 천을 끼우고 두 금속을 연결한 '볼타의 전퇴, 볼타전지'를 만들었다. 최초로 전기를 저장할 수 있는 장치를 만든 것이다. 볼타전지는 아연이 산화될 때 생긴 전자가 도선을 따라 은으로 이동하며 전구 등을 밝힌다. 은에 도달한 전자는 황산 용액의 수소 이온을 환원시킨다. 이것은 순간적으로 발생하는 정전기와는 달랐으며, 서로 다른 두 금속만 연결하면 전기는 계속 흘렀다.

볼타전지의 발명은 21세기 전기 문명을 향한 첫걸음이었다. 1825년, 스터전(1773~1850)은 철 조각에 도선을 감고 볼타전지를 연결한 전자석을 만들었다. 그는 전자석의 끝에 철판을 놓고 볼타전지를 켜면 철판이 끌려오고, 끌 때 떨어지면서 '딸깍' 부딪히는 소리를 신호로 보낼 수 있는 전보를 발명했다. 벨은 볼타전지를 이용해서 음성을 송수신하는 전화를 발명했고, 에디슨은 빛을 내는 백열전구를 발명했다. 마침내 볼타전지로 만든 전자석을 이용한 전동기가 발명되면서 엘리베이터가 있는 고층건물이 들어섰고, 전차는 도시를 연결했다. 또한 냉장고, 세탁기는 인류를 노동에서 자유롭게 만들었다.

위대한 과학자로 칭송을 받은 볼타와는 달리 갈바니는 '개구리 춤 선생'이라는 조롱을 받았다. 그러나 볼타는 갈바니의 연구를 가장 아름답고 놀라운 발견으로 인정했으며, 그의 개구리 관찰은 볼타전지와 함께 전보, 전화, 전구, 전동기의 발명을 이끈 시발점이었다. 또한 갈바니가 발견한 죽은 개구리의 심장에 전기를 흘릴 때 심장 근육이 수축되는 현상은 전기 충격 응급처치법과 심장박동기 개발로 이어졌다.

볼타전지 이후 다양한 양극과 음극 재료를 사용하는 일차전지와 충방전으로 반복 사용이 가능한 납축전지, 니카드전지, 니켈금속수소전지와 같은 이차전지를 거쳐 마침내 리튬이온전지가 탄생하였다.

⚛ 리튬이온전지

    1990년, 캐나다의 몰리 에너지는 리튬이온전지를 일본에 수출했으나 통화 중이던 휴대폰이 폭발하는 사고가 발생했다. 원인은 리튬 음극 표면에서 자라난 리튬 금속 때문이었다. 즉, 충전할 때 양극으로 이동했던 리튬이 방전 시 리튬 표면에서 나뭇가지처럼 자라나 양극과 단락되었고, 이때 발생한 열로 전해질이 분해되면서 폭발한 것이었다. 결국, 몰리 에너지는 리튬이온전지의 생산을 포기했다.

    1991년, 일본의 소니는 리튬 대신에 6번 탄소를 음극 재료로 사용했다. 단순히 원소만 교체한 것이었지만 이것은 엄청난 차이였다. 탄소 층들로 겹겹이 쌓인 탄소는 리튬과는 구조가 완전히 달랐다. 충전과 방전 시에 리튬 이온들은 양극과 탄소 음극의 층 사이를 셔틀버스처럼 안정적으로 왕복하면서 리튬 금속은 더 이상 자라나지 않았다. 리튬이온전지가 이차전지의 최강자로 떠오른 것이다.

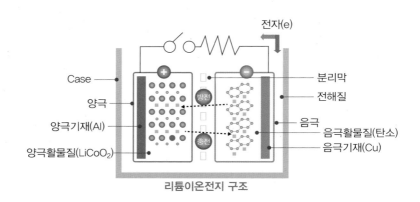

리튬이온전지 구조

왜 리튬이온전지인가? 화학전지는 양극과 음극의 화학에너지 차이를 전기에너지로 바꾸는 장치로 전지의 용량은 1.2 V인 니카드전지나 니켈수소전지보다 3.7 V인 리튬이온전지가 훨씬 더 많은 에너지를 저장할 수 있다. 그러나 에너지를 많이 저장할수록 전지는 불안정하며 물 대신에 사용하는 전해질은 공기에 노출되면 발화의 위험이 있다.

그럼에도 불구하고 리튬이온전지는 사용 범위를 확장시켜 나가고 있다. 특히 미국이 자동차 시장의 주도권을 회복하기 위해 환경규제를 강화하면서 전기자동차용 리튬이온전지가 주목을 받고 있다. 소니가 상용화에 성공했지만, 꾸준한 기술 개발로 세계 리튬이온전지 산업을 주도하고 있는 우리나라에도 새로운 기회가 되고 있는 것이다.

리튬이온전지의 해결사, 6번 탄소는 가장 흔하면서도 인류와 역사를 같이한 원소였다. 그 중 다이아몬드는 인류의 욕망을 나타내는 상징적인 보석이었다. 오늘날 탄소 화합물은 그 종류를 헤아릴 수 없을 정도로 다양하며, 탄소 신물질의 개발은 다이아몬드를 넘어 신세계를 개척해 나가고 있다. 어떤 신세계일까?

• • • • •

이차전지의 발달

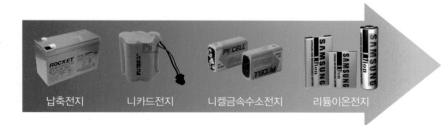

납축전지　　　니카드전지　　　니켈금속수소전지　　　리튬이온전지

04

탄소 오형제

Carbon, $_6C$

리튬이온전지를 부활시킨 6번 탄소!

탄소는 화학의 꽃인 유기화학을 정의하는 원소다. 19세기 초의 유기화학은 생명체. 즉 유기체가 만들어내는 물질을 연구하는 학문이었다. 그러나 1828년 뵐러(1800~1882)가 생명체에서만 생긴다는 오줌 속의 요소. $(NH_2)_2CO$를 무기물인 사이안산암모늄. NH_4OCN을 열분해시켜 합성하면서 유기화학은 탄소를 포함하는 화합물을 연구하는 학문으로 바뀌었다.

유기화합물은 현재까지 알려진 것만도 삼천만 개가 넘을 정도로 엄청나게 많다. 그 이유는 네 개의 결합자리를 갖는 탄소가 단일, 이중. 삼중결합 등 다양한 결합을 형성할 수 있기 때문이다. 탄소는 화합물뿐만 아니라 그 자체로도 매력적이다. 그 중에서 1980년대 초반까지 알려진 탄소 동소체 는 연필심 재료인 흑연과 보석의 왕 다이아몬드. 그리고 무정형 탄소인 숯이었다.

6. 동소체

같은 원소로 되어 있으나 구조나 물리적 · 화학적 성질이 서로 다른 홑원소 물질.

🔬 아~ 다이아몬드

1772년, 파리의 콩코드 광장에는 수많은 인파가 몰려 들었다. 다이아몬드를 태우려는 라부아지에(1743~1794)의 연소 실험을 보기 위해서였다. 그는 햇빛을 커다란 볼록렌즈로 밀폐된 용기 안에 있는 다이아몬드에 내리쬐기 시작했다. 잠시 후, 연기가 피어오르더니 다이아몬드는 감쪽같이 사라지고 말았다.

무슨 일이 있었던 걸까? 라부아지에의 관심사는 다이아몬드보다 불, 즉 연소 현상을 이해하는 것이었다. 그는 연소란 물질 속의 플로지스톤이 빠져나온다는 플로지스톤설 대신에 공기 중에 있는 무엇인가 물질과 반응하는 것이라 믿었다. 그는 다이아몬드도 흑연처럼 이산화탄소를 발생시키는 탄소 동소체이며, 연소란 물질이 공기 중의 산소와 결합하는 것임을 증명하려 했던 것이다.

🔬 탄소 형제

1959년, 천재 물리학자 파인만(1918~1988)은 '원자 수준에서 물질을 조절함으로써 현미경으로 관찰 가능한 작은 부속들을 만들 날이 올 것'으로 예상하였다. 1981년, 마침내 비니히(1947~)와 로레르(1933~)에 의해 원자 현미경이 개발되면서 물질을 원자 수준에서 조작하며 탐구할 수 있게 되었다.

그 시작은 탄소였다. 다이아몬드는 정사면체 꼭짓점에 위치한 탄소들이 3차원적으로 결합된 반면, 동소체인 흑연은 육각형으로 결합된 탄소 층들이 2차원적으로 쌓여 있는 층상 구조이다. 숯은 이러한 정사면체 탄소와 탄소 층들이 무질서하게 섞여 있다. 이들의 가장 큰 차이점은 전기

전도도였다. 투명하고 단단한 다이아몬드는 전자들이 탄소에 붙잡혀 움직일 수 없는 절연체이지만, 연필심처럼 층이 쉽게 분리되는 흑연은 일부 전자가 탄소 층 사이를 자유롭게 이동하는 도체였다. 같은 탄소 동소체이지만 둘은 결합 방식에 따라 성질이 완전히 다른 물질이었다. 그러나 이들을 원자 수준에서 조작할 일은 없었다.

미니 축구공, 풀러렌

1985년, 별들 사이의 성간 물질을 연구하던 스몰리(1943~2005)는 분자량이 720 g/mol인 새로운 화합물을 발견했다. 그는 컬(1933~)과 크로토(1939~2016)와 함께 흑연 조각에 레이저를 쏘고 남은 그을음에서 분자량이 같은 물질을 발견했다. 그러나 실체를 알기 위해 필요한 것은 분자량보다는 구조였다.

스몰리에게 구조에 대한 영감을 준 것은 집중된 힘을 분산시킬 수 있는 지오데식 돔 구조로 세워진 몬트리올 엑스포 박람회 건물이었다. 그는 새로운 물질의 구조는 축구공과 같을 것으로 예상했다. 1991년, 마침내 그 구조는 원자량이 12 g/mol인 탄소 60개가 축구공처럼 오각형과 육각형으로 연결된 것으로 밝혀졌다. 이 화합물은 지오데식 돔 건축물을 고안한 벅민스터 풀러(1895~1983)의 이름으로부터 벅민스터풀러렌, 풀러렌[7] 혹은 버키볼로 불렸다. 곧 그들은 노벨상을 수상하였다.

세상에서 가장 아름다운 분자, 풀러렌은 작은 크기와 독특한 모양, 다양한 물리적 특성으로 나노 분야에 꿈과 희망을 주는 기대주로 떠올랐다. 풀러렌은 초전도 현상을 나타내며, 촉매나 센서, 나노 베어링, 수소 저장

---

7. 풀러렌
렌(-ene)은 알켄, 알렌처럼 이중결합 화합물에 사용하는 접미어이다.

물질, 항암제 전달 물질 등 다방면에 활용 가능성이 높았던 것이다.

그러나 빛에는 그림자가 있듯이, 풀러렌으로 노벨상의 영광을 안은 스몰리와 크로토의 우정은 신기루처럼 사라지고 말았다. 풀러렌의 구조를 밝힌 것은 스몰리의 아이디어였으나 크로토가 자신의 공을 내세우면서 사이가 틀어진 것이었다. 또한 풀러렌은 그 자체로 폭발적인 관심을 끌어 노벨상이 확정적이었으나, 스몰리는 자신의 업적을 지나치게 홍보하면서 노벨상 로비설에 휘말리기도 했다.

스몰리에 의해 다이아몬드와 흑연의 구속에서 벗어나 변신을 시작한 탄소는 새로운 나노 혁명을 이끌기 시작했다. 풀러렌에 열광한 과학자들은 연구에 박차를 가하면서 새로운 탄소 동소체들을 발견하였다. 조용히 숨어 있던 탄소 형제들이 풀러렌과 함께 세상에 그 모습을 드러내기 시작한 것이었다.

탄소나노튜브

1991년, 일본의 이지마(1939~)는 풀러렌이 튜브처럼 한쪽 방향으로 길게 늘어나 흑연 층이 둥글게 말려진 형태의 탄소나노튜브 Carbon nanotube, CNT

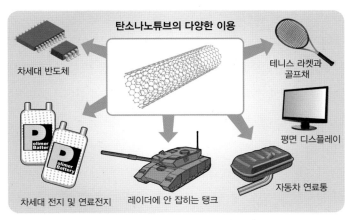

를 발견했다. 탄소나노튜브는 흑연 층이 말려진 각도와 튜브 직경에 따라서 도체 혹은 반도체의 성질을 나타냈다. 도체는 다발로 뭉쳐 있으면 반도체가 되기도 했다. 이러한 탄소나노튜브는 14번 실리콘 반도체를 대체할 나노기술의 핵심 신소재로 떠오르기 시작했다.

NASA의 우주 엘리베이터 건설 프로젝트에 의하면 로켓 대신에 지상과 정지 궤도상에 있는 우주 정거장을 케이블로 연결하여 엘리베이터처럼 인공위성 등을 우주로 운송하는 시스템을 계획하고 있다. 과연 가능할까? 아서 클라크(1917~2008)의 미래 소설 '천국의 분수'에 소개된 우주 엘리베이터는 불가능한 것이었다. 강철 등의 어떤 재료도 우주 정거장과 지구를 연결할 만큼 강하지 않기 때문이다. 그러나 가벼우면서도 인장력이 훨씬 강한 탄소나노튜브가 케이블 소재로 떠오르면서 소설은 현실화되고 있다. 이러한 탄소나노튜브는 일상생활에서 테니스 라켓, 골프채, 스키보드 등 다양한 용도로 사용되고 있다.

탄소나노튜브의 다양한 응용

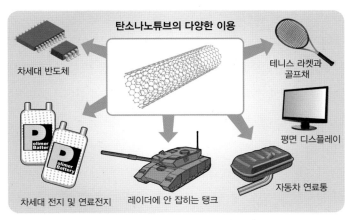

🔬 그래핀

다른 탄소 형제는 없을까? 2010년, 가임(1958~)과 노보셀로프(1973~)는 꿈의 신소재, 그래핀을 분리하여 노벨상을 수상했다. 수십~수백 겹의 탄소 층이 쌓인 흑연과는 달리 이론적으로 불가능한 하나의 탄소 층으로 된 그래핀을 얻은 것이었다.

이것은 발상의 전환이었다. 화학적으로 합성할 수 없다면 물리적인 방법은 어떨까? 그들은 스카치테이프를 흑연에 붙였다 떼어내어 실리콘 기판에 얹고 손으로 살짝 문질렀다. 단순하면서도, 누구도 시도하지 않았던 방법으로 그래핀을 분리한 것이었다.

흑연, 숯, 풀러렌, 탄소나노튜브, 그래핀의 공통점은 도체라는 것이다. 특히 얇은 그래핀은 전기 전도도가 구리보다 훨씬 크고 투명하기 때문에 스마트폰과 TV의 화면표시장치에 사용할 수 있다. 예를 들어 액정 화면표시 장치(LCD)의 패널은 투명한 유리 전극 사이에 있는 액정 고분자[8]들이 전기 신호에 따라 통과시키는 빛으로 총천연색을 만든다. 그러나 유리 전극은 구부릴 수 없어 대안으로 그래핀이 떠올랐다. 유리 대신에 플라스틱 판 위에 그래핀을 낮은 온도에서 처리하여 전극을 만들면 종이처럼 구부릴 수 있는 화면표시 장치를 만들 수 있다. 또한 그래핀은 다이아몬드보다 열전도율이 커서 쉽게 냉각되고 강철보다 훨씬 더 단단했다.

오늘날 생활의 필수 아이템, 스마트폰! 수 년 내에 스마트폰의 핵심 부품인 14번 실리콘은 탄소나노튜브로, 유리 디스플레이 장치는 그래핀 디스플레이 장치로 바뀔 수도 있다. 그리고 이들에게 전기를 공급하는 리튬이온전지는 흑연 음극을 사용한다. 너무 많은 것을 탄소 형제에게 빚지고

---

8. 액정 고분자
액체이면서도 온도나 전압 등의 조건에 따라 고체처럼 규칙적인 배열을 갖는 고분자

있는 것은 아닐까? 그러나 14번 실리콘은 그 자체로 매우 유용하며 여전히 매력적인 원소이다.

탄소 5형제

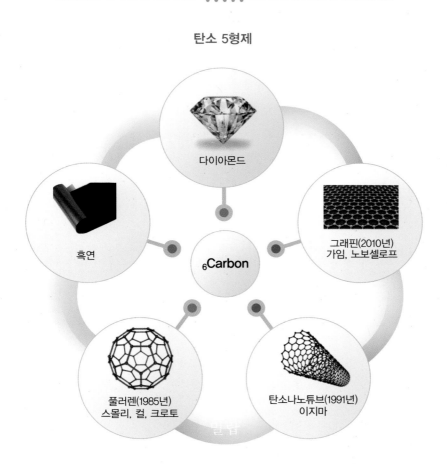

다이아몬드

흑연

₆Carbon

그래핀(2010년)
가임, 노보셀로프

풀러렌(1985년)
스몰리, 컬, 크로토

탄소나노튜브(1991년)
이지마

05

캘리포니아
드림

Silicon, *14Si*

1848년, 캘리포니아에서 발견된 금광은 미국뿐만 아니라 유럽, 중남미, 중국 등 전 세계에서 일확천금을 꿈꾸는 수많은 사람들을 끌어 들이는 골드러시를 낳았다. 대부분은 빈손으로 왔다가 빈손으로 돌아갔지만, 시골 마을이었던 샌프란시스코는 단숨에 미국 서부의 중심 도시로 떠올랐다.

1938년, 스탠퍼드 대학의 신출내기 윌리엄 휴렛(1913~2001)과 데이비드 팩커드(1912~1996)는 프린터 및 컴퓨터 등을 생산하는 휴렛팩커드[9]를 창업했다. 그리고 골드러시가 시작된 지 100년 후인 1948년, 트랜지스터와 실리콘 반도체의 불길은 샌프란시스코 만 남부를 정보통신 산업의 요람인 실리콘 밸리로 탈바꿈시켰다.

캘리포니아 드림을 꿈꾸며 모래에서 금을 캐기 위해 모여 들었던 실리콘 밸리! 지금은 모래에서 추출한 14번 실리콘으로 캘리포니아 드림을 꿈꾸고 있다. 현대판 연금술이자 전자산업의 신호탄, 트랜지스터와 실리콘 반도체는 어떻게 탄생했을까?

---

9. 휴렛팩커드
둘은 누구의 이름을 먼저 사용할지를 동전 던지기로 결정했는데, 팩커드가 이겼지만 그는 '팩커드-휴렛'보다 '휴렛-팩커드'가 마음에 든다며 양보하였다.

🔬 사상누각

문자나 종이가 없던 때에도 인류는 끊임없이 자신의 생각과 기록을 바위, 뼈, 나무껍질, 점토판, 양피지 등에 남겼다. 특히 이집트는 BC 2,500년경에서 8세기경까지 파피루스[10] 줄기를 얇게 저민 후 풀을 발라서 붙여 말린 파피루스를 사용했다. 그러나 파피루스로 많은 기록을 남기기에는 한계가 있었다.

105년, 채륜(50~121)의 종이 발명과 함께 발달한 인쇄술로 인류의 역사는 종이 위에 차곡차곡 쌓여갔다. 2,000여 년 동안 절대적 지위를 누려온 종이! 그러나 지금 인류의 역사는 모래에 새겨지고 있다. 모래 위에 지은 사상누각은 부실 건축물의 대명사이지만, 모래에서 뽑아낸 실리콘으로 만든 반도체는 방대한 정보를 기록할 수 있는 인류 최고의 발명품이다. 코끼리를 냉장고에 넣을 수는 없어도 손톱만 한 반도체 메모리 카드에 도서관보다 더 많은 정보를 저장할 수 있게 된 것이다. 반도체는 어떻게 탄생했을까?

🔬 에디슨과 진공관

볼타전지의 발명으로 전자석, 전보, 전화 등이 실용화되고 이를 개량한 전신기와 전화기, 축음기, 백열등, 영사기 등을 발명한 99%의 노력가 에디슨(1847~1931), 그에게 중요한 것은 과학적인 원리보다 실생활에 필요한 기술이었다.

1884년, 에디슨에게 백열전구 안쪽에 탄소 필라멘트로 인해 생긴 까만

---

10. 파피루스
파피루스는 지중해 연안의 습지에서 잘 자라는 갈대과 식물로 종이, 페이퍼(paper)의 어원이다.

그을음은 골칫거리였다. 그런데 전구 안에 금속을 끼워 넣자 필라멘트에 흐르던 전류가 진공을 가로질러 금속으로 흐르는 '에디슨 효과'가 나타났다. 그러나 그는 그 원인보다 백열전구의 효율 개선과 눈앞에 닥친 특허 분쟁에 관심이 있었다.

1904년, 플레밍(1849~1945)은 전구 안에 끼운 금속을 양으로 대전시키면 필라멘트에서 금속으로 전류가 흐르고, 음으로 대전시키면 차단되는 것을 발견했다. 에디슨 효과를 이용한 전자 스위치를 만든 것이다. 이것은 전자산업의 시발점인 2극 진공관이었으며, 불안정한 교류를 안정한 직류로 바꾸는 획기적인 실험이었다. 1906년, 포레스트(1873~1961)는 필라멘트와 금속 사이에 또 다른 금속을 넣어 작은 신호를 크게 증폭하는 3극 진공관을 발명하여 진공관 음성 증폭기인 오디온과 텔레비전에 적용하였다. 그러나 이러한 전자제품의 발명보다 획기적인 것은 전자 스위치를 이용한 논리 기계, 컴퓨터의 탄생이었다.

🐾 튜링과 컴퓨터

25세에 프린스턴 대학에서 박사학위를 받은 튜링(1912~1954)은 제2차 세계대전 당시 거대한 암호 해독기 안에서 사람이 수행하던 수작업을 통해 하드웨어와 소프트웨어의 개념을 파악했다. 그는 단순한 전자 기계가 아닌 추상적인 논리 작업을 수행할 수 있는 기계, 인공 지능 알파고의 모태인 컴퓨터를 구상했다. 즉 기계에 내리는 명령을 전기 신호로 구성된 연속적인 논리 소프트웨어로 수행하는 개념을 창안한 것이다.

기계에 명령을 내리는 것은 진공관이었다. 전기가 흐르는 'On'을 '1', 차단된 'Off'를 '0'의 이진법으로 나타낼 수 있는 진공관은 컴퓨터의 사령관이었다. 특히 포탄의 거리 및 정확도 등의 복잡한 계산에 컴퓨터는 중요했다. 제2차 세계대전으로 컴퓨터는 새로운 전환점을 맞이한 것이다. 그러나 진공관이 지휘하는 컴퓨터는 비대했고, 전구를 개량한 진공관의 필라멘트에서 발생한 열로 컴퓨터는 과열되었다. 제2차 세계대전 이후 새로운 영역을 찾아 나선, 컴퓨터를 이끌 사령관은 누구일까?

🔬 실리콘 반도체

탄소와 같은 14족 원소인 실리콘은 좌충우돌하는 럭비공처럼 성질을 예측하기 어려운 도깨비 같은 원소였다. 전기가 통하는 금속이나 통하지 않는 유리와는 달리 실리콘은 조건에 따라 전기가 통하거나 통하지 않았다. 만약에 그 조건을 제어할 수 있다면 실리콘이 진공관 스위치를 대신할 수 있지 않을까?

다이아몬드의 탄소처럼 실리콘은 최외각 전자 4개가 모두 공유결합에 참여하는 부도체이다. 이 실리콘의 일부를 최외각 전자가 5개인 15번 인이나 33번 비소로 치환하면 여분의 전도 전자가 발생한다. 반면에 최외각 전자가 3개인 13번 붕소로 치환하면 전자가 하나 부족한 양의 정공이 생긴다. 이처럼 첨가된 불순물에 따라 실리콘은 음의 N-형이나 양의 P-형 반도체가 되며, 이 전도 전자나 정공은 전기장하에서 움직인다.

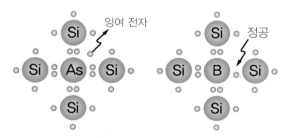

N-형 반도체와 P-형 반도체

컴퓨터의 진공관은 새로운 사령관, 실리콘 반도체로 즉시 교체됐다. 두 반도체를 접합하면 전도 전자와 정공의 결합으로 절연된 공핍층이 생긴다. 그리고 P-형 반도체에 양극과 N-형 반도체에 음극의 순방향을 연결하면 정공은 N-형으로 전도 전자는 P-형 반도체로 이동하면서 전류가 흐른다. 반면에 전압을 역방향으로 연결하면 공핍층이 더 넓어져 전류가 차단된다. 다이오드 스위치가 탄생한 것이다.

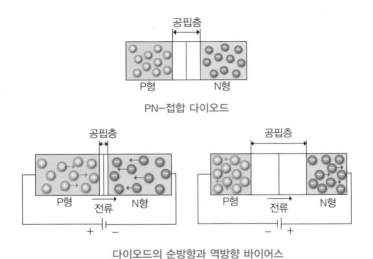

PN-접합 다이오드

다이오드의 순방향과 역방향 바이어스

🔬 트랜지스터

1947년, 쇼클리(1910~1989), 바딘(1908~1991), 브래튼(1902~1987)은 N-형과 P-형 반도체를 이용해 전기의 흐름을 제어하고 정보를 처리하는 부품을 발명했다. 그들은 이것을 저항resistor을 옮긴다transfer는 뜻의 '트랜지스터'라 불렀으며, 1956년에 노벨상을 수상하였다.

다이오드는 교류를 직류로 바꾸는 정류 작용과 함께 스위치로 사용될 수 있었지만, 트랜지스터는 스위치 역할과 함께 작은 전기 신호를 증폭시킬 수 있었다. 이를 이용해 1954년에 최초의 트랜지스터 라디오가 개발되면서, 전자공학은 일상으로 파고들기 시작했다. 1960년대에 비틀즈와 엘비스 프레슬리가 전 세계 젊은이들의 우상으로 떠오른 것은 바로 트랜지스터의 힘이었다.

그럼에도 전자제품의 크기는 여전히 컸다. 1958년, 마침내 많은 소자를 하나의 기판 위에 모은 '집적회로'가 개발되었다. 부품들을 단위별로 생산하는 집적회로로 컴퓨터는 소형화되고 속도는 빨라지면서 노트북이 탄생했다. 1세대 진공관으로 시작된 컴퓨터는 2세대 트랜지스터, 3세대 집적회로, 4세대 초고밀도 집적회로 등 집적도를 높여 나가면서 마침내 슈퍼컴퓨터가 출현하기에 이른 것이다.

다시, 모래로

모래와 실리콘은 어떤 관계일까? 반도체 메모리는 모래의 주성분인 실리카(SiO_2)를 환원시켜 산소를 제거한 단결정 실리콘을 가공한 얇은 반도체 웨이퍼로 만든다.

그러나 지름이 2~0.02 mm인 모래의 주성분이 항상 실리카인 것은 아니다. 모래는 광물의 조성에 따라 석영이 많은 석영사, 유색 광물이 많은 흑사, 회록석이 많은 녹사 등이 있으며, 생성 원인이나 퇴적 장소에 따라서는 산사, 강사, 해사, 화산회사 등으로 분류된다. 대개 모래는 풍화에 강한 석영사이지만, 지역에 따라서 운모, 각섬석, 자철석, 화산유리 등이 많은 화산사와 조개나 유공충 껍데기 등으로 만들어진 바닷가의 패사 등이 있는 것이다. 따라서 실리콘 반도체는 실리카가 많은 석영사를 사용한

다. 작열하는 태양 아래를 거닐 때 밟히던 바닷모래는 반도체에 사용할
수 없다.

럭비공처럼 어디로 튈지 몰랐던 실리콘을 축구공처럼 경로를 예상할
수 있게 만든 것은 불순물로 첨가된 33번 비소와 같은 탄소족의 이웃사
촌 원소들이었다. 그러나 비소는 아무런 흔적을 남기지 않는 무서운 독
극물의 원소이기도 했다.

* * * * *

진공관에서 초고집적회로의 발달

진공관(1906년)
드 포레스트의
3극 진공관 개발

트랜지스터(1948년)
브래튼, 바딘의
트랜지스터 개발

집적회로(1959년)
킬비의 직접회로
개발

ULSI(1994년)
트랜지스터
100만 개 이상
집적된 칩

3D-IC(2008년)
2차원 집적회로를
3차원으로
집적시킨 칩

06 장미의 이름

침묵의 살인자

알베르토 에코 장편 소설 │ 이윤기 옮김

【상】

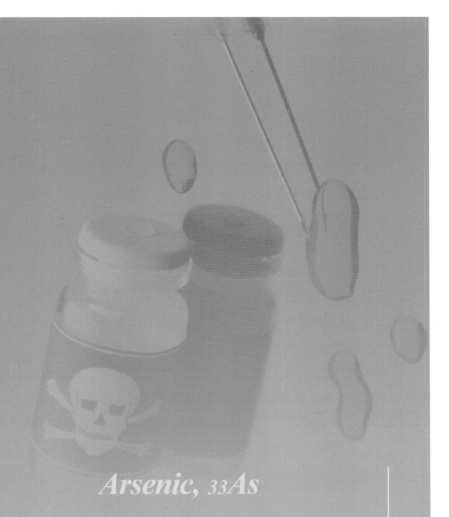

Arsenic, 33As

거친 세월의 풍화를 견뎌온 모래! 그 안의 14번 실리콘은 인류의 상상을 현실로 만들었
지만, 인공지능을 비롯한 4차 산업혁명 시대를 연 것은 실리콘에 첨가된 33번 비소와
같은 원소였다. 그러나 비소 화합물은 무서운 독극물이었다.

'내 사전에 불가능이란 없다'는 나폴레옹의 사망 원인은 위암으로 알려졌으나, 독살설
이 제기되었다. 누가 독살한 것일까? 용의자는 비소였다. 벽지에 칠한 에메랄드 그린
염료의 비소가 곰팡이에 의해 트리메틸비소 기체로 공기 중에 퍼지면서 나폴레옹은 비
소에 중독되었던 것이다. 인체에 치명적인 비소 화합물은 색깔과 냄새가 없어 구분하
기가 어렵고, 철광석에서 쉽게 구할 수 있어 범죄에 자주 사용되었다.

20세기 초, 비소 화합물은 불치병인 매독의 치료제로 거듭나기도 했다. 환경이 우리의
행복을 결정하는 것이 아니라 우리가 행복을 결정하듯이, 비소의 용도를 결정하는 것
은 원소들의 결합을 통해 신물질을 창조하는 화학이었다.

　오늘날의 에이즈와 같은 불치병이었던 매독! 베토벤(1770~1827), 슈베르트(1797~1828), 링컨(1809~1965), 니체(1844~1890), 모파상(1853~1890), 고흐(1853~1890)를 비롯한 20세기 초 유럽 인구의 10%가 매독이나 매독 치료제인 수은 중독으로 고통을 받거나 사망했다. 매독을 어떻게 치료할 수 있을까?

　에를리히(1854~1915)가 개발한 매독 치료제인 살바르산은 현대 의약품의 시초였다. 그는 결핵균을 염색하는 방법에서 얻은 아이디어로부터 매독균만을 선택적으로 염색하여 죽일 수 있는 화합물을 찾아나섰다. 1910년, 마침내 그는 606번째 실험에서 합성한 화합물로 토끼를 치료했다. 세상을 구원하는 비소the arsenic that saves라는 뜻을 가진 매독 치료제, 살바르산Salvarsan 606이 탄생한 것이다. 페니실린 이전에 '마법의 탄환'으로 불린 이것의 주성분은 반도체의 불순물이자, 독극물의 원소인 비소였다.

　이처럼 독약이 명약으로 탈바꿈한 다른 예로는 보툴리눔 톡신[11] 독소가 있다. 상한 소시지에 생기는 이 독소는 1 g으로도 백만 명 이상을 사망시키는 강력한 독극물로 알려져 있다. 실제로 19세기 초 유럽은 나폴레옹의 러시아 전쟁으로 경제가 피폐해지면서 유통된 상한 소시지에 중독되거나 사망하는 예가 많이 발생했다.

　이 독소에서 개발된 '보톡스'는 자신의 의지와 상관없이 근육이 떨리는 신경장애나 근육 질환을 치료하기 위한 약이었다. 그런데 보톡스로 치료받던 환자의 눈가 주름이 펴지면서 오늘날에는 탄력 있는 피부를 만드는 미용 시술에 널리 사용하게 되었다. 성형수술 시 보톡스를 근육에 투여하

---

11. 보툴리눔 톡신
보툴리눔 독소증을 의미하는 Botulism은 소시지라는 라틴어 Botulus에서 유래한다.

면 근육이 마비되어 수축되면서 주름이 펴지는 것이다.

🔬 장미의 이름으로

움베르토 에코(1932~)의 스테디셀러, 장미의 이름으로!

황제와 교황의 회담이 열리는 이탈리아 수도원에서 벌어진 살인 사건을 조사하던 윌리엄 신부는 피살된 수도사들이 희극을 번역하고 있었던 사실을 발견한다. 단서를 찾기 위해 잠입한 도서관에서 그는 수도원장을 만난다. 범인은 바로 수사를 의뢰한 수도원장이었다. 종교에는 두려움이 있어야 하고 웃음은 신의 권위에 도전하는 악으로 생각했던 그는 재치와 해학이 넘치는 아리스토텔레스(BC 384~322)의 희극이 수도사들의 수행을 방해할 것을 우려하여 책장 사이에 비소를 묻혀 두었다. 그리고 손에 침을 묻히면서 탐독했던 수도사들은 비소에 중독되어 죽었던 것이다.

수도원장은 비소의 독성을 어떻게 알았을까? 중세시대에 연금술사를 자처하는 사기꾼들로 연금술은 부정적으로 인식되지만, 수도사들에게 연금술은 신을 알아가는 자연철학의 한 형태였다. 51번 안티모니는 이것을 문둥병 치료제로 사용했던 수도사monachos의 이름에서 유래한다.[12] 조선시대 유학자들도 유교 경전뿐만 아니라 한의학과 침술, 천문학에 관한 기본 지식을 갖고 있어 비상시 간단한 진료를 담당하기도 했다.

🔬 쥐를 잡자

일제강점기, 해방 그리고 1950~60년대는 보리, 쌀 한 톨이 귀한 시절이

---

12. 여러 광물과 함께 산출되어 '고독하지 않다'는 anti(반대)-monos(고독)에서 유래했다고도 한다.

었다. 가을에 수확한 양식이 바닥나고, 농사지은 보리를 수확하기 전인 5~6월은 식량이 궁핍한 '보릿고개'라 불리는 춘궁기였다.

게다가 쥐로 인한 피해도 엄청났다. 1억 마리 쥐로 인한 양곡의 피해는 30만 톤이 넘었다. 1960년대 실시된 쥐잡기 운동의 성패는 번식력이 강한 쥐들을 '동시에 잡는 것'이었다. 쥐잡기는 국가적인 시책에 의해 전국적으로 동시에 쥐약을 놓았고, 학생들은 쥐 꼬리를 잘라 학교에 제출해야 했다. 쥐잡기 운동은 공중 보건과 식량의 자급자족을 위한 것이었다. 1970년 쥐잡기 운동에서는 4,300만 마리를 잡았으며, 쥐 가죽은 '코리안 밍크'로 수출되었다. 지독하게 가난했던 '그 땐 그랬지' 시절, 쥐약의 주성분은 바로 비소 화합물이었다.

쏜살같이 날아다니는 파리에게 쉼터를 제공하는 파리끈끈이도 비소 화합물로 처리한 것이다. 식충식물인 끈끈이주걱의 원리를 이용해 천정에 매달아 놓은 파리끈끈이는 무심코 앉은 파리에게는 황천길로 직행하는 쉼터였던 것이다.

🔬 신체발부 수지부모

반역죄와 같은 중죄를 지은 죄인을 처형하는 수단은 거열[13], 참수, 교수, 능지처참[14], 책형 등이 있다. 이와는 달리 사약은 죄인이 스스로 독약을 마시는 처벌로 사약의 성분 중 하나는 비소 화합물이었다.

---

13. 거열
죄인의 사지와 머리를 말이나 소에 묶고 각 방향으로 달리게 하여 사지를 찢는 형벌

14. 능지처참
산 채로 살을 회 뜨는 형벌로, 반역 등 중죄인에게 실시하는 가장 무거운 형벌

06

사약[15]은 '죽이는 약(死藥)'이 아니라 왕으로부터 '하사받은 약(賜藥)'이었다. 이것은 효경에 나온 공자의 '身體髮膚受之父母(신체발부수지부모) 不敢毀傷孝之始也(불감훼상효지시야)'에 기인한다. 즉, 우리의 몸은 부모에게서 받은 것이니 훼손치 않고 보존하는 것이 효도의 시작인 것이다.

특히 신분이 높을수록 유교적 전통에 따라 시신이 훼손되지 않도록 사약을 내렸다. 조광조(1482~1519)는 사약을 마셔도 죽지 않아 나졸들이 목을 조르려 하자, "임금께서 이 머리를 보전하라 사약을 내렸는데, 어찌 너희들이 감히 이러느냐"라며 사약을 더 받아 마셨다고 전해진다.

이처럼 조선시대 유학자들은 죽음 앞에서도 임금에 대한 예를 갖추었으며, 자손들은 시신을 수습하여 제사를 지낼 수 있었기에 사약은 죄인에 대한 마지막 배려였다. 그러나 단종(1441~1457)의 시신은 아무도 수습하지 않자, 영월의 호방 엄흥도가 몰래 수습하였다. 유교적 전통에 따라 사약을 내렸으나 세조의 후환이 두려워 아무도 시신을 수습할 수 없었던 것이었다.

항상 정적들로부터 독살의 위협에 노출되었던 왕 덕분에 호강한 사람은 음식에 독이 있는지 확인하기 위해 왕보다 먼저 은수저로 맛을 보았던 기미상궁이었다. 비상이 섞였다면 비상에 함유된 황과 은의 반응으로 생긴 황화은으로 은수저가 검게 변한다. 뿐만 아니라 달걀에 포함된 황도 은수저를 검게 만든다. 이처럼 비소 화합물인 비상은 오래전부터 사용된 독극물이었다.

---

15. 사약
사약의 성분은 기록이 없지만, 비소 화합물인 비상, 맹독버섯, 천남성, 생금, 협죽도 등으로 추정된다.

🔬 나 떨고 있니?

우리나라 역사상 최고의 인기 드라마로 꼽히는 '모래시계'에서 카리스마가 넘치던 주인공이 사형을 앞두고 친구에게 죽음의 공포를 나타낸 대사는 "나 떨고 있니?"였다.

현대의 사형 방법에는 교수형, 총살형, 전기의자 처형, 독극물 주사 처형, 가스실 처형 등이 있지만, 미국에서는 주로 염화칼륨을 주입하는 독극물 주사 처형을 이용한다. 두뇌에서 내려지는 신경계의 전기 신호는 칼륨과 나트륨 이온에 의해 전달되는데, 휴식기에는 신경세포의 바깥쪽은 나트륨, 안쪽은 칼륨이 분포하며 바깥쪽이 전위가 높은 + 상태이다. 이 때 세포막의 이온펌프에 의해 세포 안쪽으로 나트륨이 들어가고 칼륨이 빠져나오면 전위가 역전되면서 전기 신호가 전달된다.

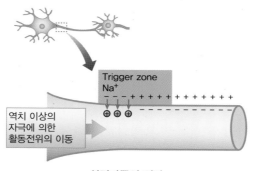

신경자극의 전달

그러나 이 과정이 멈추면 신경이 마비된다. 예를 들어 염화칼륨이 주입되면 세포 바깥쪽의 칼륨 농도가 높아져 안쪽의 칼륨이 빠져나올 수 없어 신경마비로 사망한다. 이 방법은 장기를 손상시키지 않기 때문에 사형수들이 불치병 환자들에게 장기를 기증할 수 있는 세상에 대한 마지막 선행이었다. 우리나라는 1997년의 사형 집행을 마지막으로 사실상 사형제가 폐지되었다.

청산가리와 양잿물

널리 알려진 독극물은 청산가리와 양잿물이다. 청산가리(시안화포타슘)는 시안화수소산과 칼륨의 일본식 발음인 청산[16]과 가리를 합친 용어이다. 금속이온과 잘 결합하는 청산가리의 시안화이온은 시토크롬 산화효소의 철 이온과 결합하여 효소의 기능을 마비시켜 사망에 이르게 한다.

예전에 자살에 많이 사용했던 양잿물은 강염기성인 수산화나트륨 용액으로 '서양에서 유래한 세탁력이 있는 잿물'이란 뜻이다. 수산화나트륨 용액은 인체에 닿으면 단백질이 녹아내리고 눈에 닿으면 실명에 이르게 한다. '공짜라면 양잿물도 마신다'는 그만큼 '공짜'라면 물불을 가리지 않고 좋아한다는 속담이다.

잿물은 어떤 성분이 염기성을 띠게 할까? 나무를 태운 재에는 주로 산화칼륨이나 이것이 공기 중의 이산화탄소와 반응한 탄산칼륨[17] 등이 남아 있다. 이것을 녹인 잿물은 염기성을 띠며, 기름기와 같은 때를 잘 제거한다. 재를 밭에 뿌려 식물에 칼륨 이온을 공급하고 토양의 산성화를 막는 것도 같은 원리이다.

---

16. 청산
시안화수소산은 흰색이지만 청사진용 염료 제조에 사용되기 때문에 청산이라 불린다.

17. 탄산칼륨
칼륨은 아라비아어로 '식물의 재(Alkali)'라는 뜻이며, 또 다른 이름인 포타슘은 솥(Pot)과 식물의 재(Ash)를 합성한 '식물의 재에서 나온 원소(Potash)'라는 뜻이다.

복어의 알과 내장, 껍질에 있는 테트로도톡신은 청산가리보다 독성이 천 배나 강하다. 이 독은 맛과 냄새가 없으며 끓여도 분해되지 않고, 얼리거나 소금에 절여도 독성이 남아있다. 테트로도톡신도 염화칼륨처럼 인체에서 신경 전달 물질이 통과하는 나트륨 이온 채널을 막아 신경을 마비시킨다. 반면에 소량은 통증 전달 신경을 차단하는 진통제로 사용되며 마약인 모르핀보다 진통 효과가 3천 배나 강하다.

복숭아꽃과 비슷해서 유도화로도 불리는 잎이 길쭉한 협죽도는 가지가 대나무처럼 미끈하다. 제주도에 자생하는 협죽도는 관광객들에게 색다른 볼거리였다. 그러나 잎, 가지, 뿌리에는 독이 있으며 수학여행 중이던 학생이 젓가락 대신 협죽도 가지로 김밥을 먹고 사망하는 사고 등이 발생하면서 벌목으로 점차 사라지고 있다.

조선시대 독살 사건을 다룬 '각시투구꽃의 비밀'에서 각시투구꽃은 약용이지만 뿌리에 있는 아코니틴 성분은 맹독성이다. 공기정화 식물로 가정에서 많이 기르는 아이비 잎도 독성이 있다.

아주까리로도 알려진 피마자 씨의 껍질에 들어있는 리신도 맹독성 물질이다. 피마자 기름은 화장품이나 비누 등 공업용으로 사용되며, 동백기름과 함께 머리에 바르는 기름으로 많이 사용되었다. 아주까리는 '꽃바구니 옆에 끼고 나물 캐는 아가씨야 아주까리 동백꽃이 제 아무리 고와도~'라는 '아리랑 목동'에 나올 정도로 흔한 식물이었지만 지금은 환경오염 등으로 자취를 감추고 있다.

　은행과 아몬드에도 효소에 의해 분해되어 청산을 만들어내는 시안배당체가 들어있어 이들은 반드시 볶거나 익혀서 섭취해야 한다. 특히 사과, 살구, 복숭아, 매실 등의 씨앗에도 시안배당체가 있기 때문에 씨앗은 먹지 않는 것이 좋다.

　싹이 난 감자 혹은 상한 토마토와 가지에는 독성 물질, 솔라닌이 들어 있다. 감자는 특히 껍질과 싹에 솔라닌이 많아 이 부분은 도려내야 한다. 솔라닌에 중독되면 두통이나 설사, 심하면 전신마비를 일으킨다. 고지방 저단백 고칼로리 식품인 땅콩은 여름철엔 곰팡이 독소인 아플라톡신이 생기기 쉬워 서늘하고 건조하게 보관해야 한다. 껍질을 벗긴 호두도 금방 상하기 때문에 냉장 보관해야 한다.

　이러한 독성 물질은 조심하면 피할 수 있지만 무차별적으로 살포되는 17번 염소와 같은 독가스는 순식간에 엄청난 인명 피해를 가져 온다. 그 곳에는 오로지 인류의 광기만이 넘쳐날 뿐이다.

● ● ● ● ●

독성식물들

협죽도

아주까리

각시투구꽃

아이비

천남성

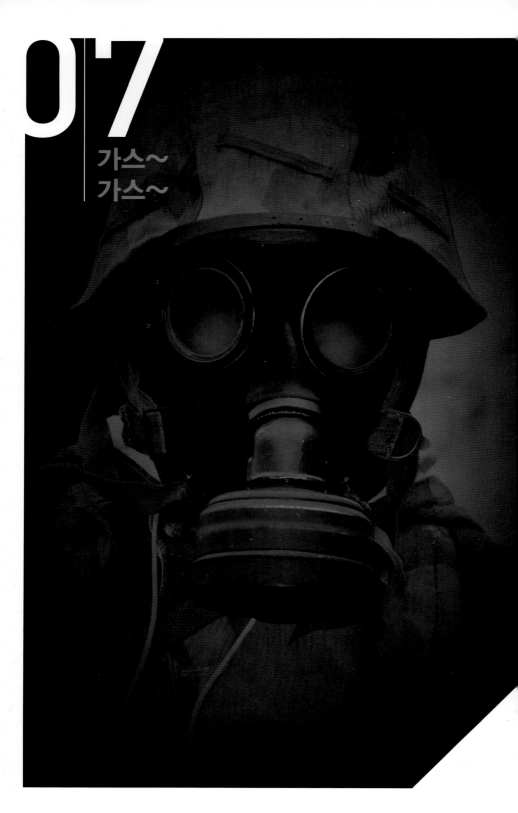

07

가스~
가스~

Chlorine, 17*Cl*

사약의 주성분인 비상은 특정인을 대상으로 한 그나마 인도적인 독극물이었다. 또한 고체나 액체 독극물로 인한 피해는 신속하게 피하거나 제거할 수도 있다.

그러나 19세기 말부터 사용된 독가스는 대상이 무차별적이고 비인간적인 살상 무기로 헤이그 조약(1899년)에서 사용이 금지되었다. 독가스 사용은 어떠한 이유라도 국제법 위반이지만, 전쟁은 달랐다. 정의로운 목적으로 시작된 전쟁일지라도 결국 수단과 방법을 가리지 않고 승리하려는 전투의 장으로 바뀐다. 어떻게 하면 적은 비용으로 적에게 치명적인 타격을 가할 수 있을까?

역사에 기록된 최초의 화학전은 펠로폰네소스 전쟁(BC 431 ~ BC 404)에서 스파르타 군이 송진과 유황을 태운 연기로 아테네 군을 공격한 것이었다. 나무를 태워 동굴 속에 연기를 불어넣어 짐승을 사냥하는 것도 일종의 화학전이다. 그러나 현대 화학전의 시초는 17번 염소를 이용한 독가스 공격이었다.

🔬 이프르 전투

최초로 염소[18] 독가스가 사용된 것은 제1차 세계대전의 이프르 전투(1915년)였다. 유럽의 서부전선에서 연합군과 대치중이던 독일군은 동부전선의 러시아를 공격하기 위한 추가 병력이 필요했다. 서부에서 동부로의 병력 이동을 은폐하기 위하여 독일군은 바람이 연합군을 향해 불 때를 기다렸다가 황록색의 염소 가스로 연합군을 기습 공격한 후 필사적으로 반대쪽으로 도망쳤다. 갑작스런 독가스 공격으로 연합군 병사들은 극심한 기침과 함께 피를 토하며 쓰러져 갔다. 이날 연합군은 무려 5,000여 명이 사망했다.

6개월 후, 연합군은 포스겐($COCl_2$) 가스로 반격하였다. 독가스를 이용한 무차별적인 화학전이 시작된 것이다. 제1차 세계대전 동안 살포된 독가스는 무려 십만여 톤에 달했으며 백만여 명이 사망했다. 염소는 전쟁에 사용된 최초의 질식성 독가스였으며, 전쟁에 대한 인간의 광기를 드러낸 원소였다.

화학전은 아니었지만 인도에서 발생한 보팔 참사(1984년)는 독가스가 얼마나 치명적인지를 보여준다. 다국적기업인 유니언 카바이드사의 농약 공장에서 원료 저장 탱크의 밸브가 파열되면서 아이소시안화 메틸 가스가 누출되어 당일 2,000여 명이 사망했으며, 이후 16,000여 명이 후유증으로 목숨을 잃었다. 설상가상으로 당시 보팔 시는 대기 역전 현상으로 공기가 안정한 상태였기 때문에 누출된 독가스가 지표면 근처에서 서서히 이동하면서 엄청난 피해를 준 것이다.

---

18. 염소
대표적인 염소 화합물은 염산이다. 염산은 폴리염화비닐이나 폴리우레탄 등의 고분자 생산과 식품첨가물 제조, 가죽 처리 등에 사용된다.

🔬 염소 독가스

염소 독가스를 개발한 과학자는 하버(1868~1934)였다. 전쟁이 발발하자 유대인이지만 철저하게 독일인으로 살았던 그는 독일 정부에 17번 염소를 이용한 독가스 개발을 건의했다. 염소는 끓는점이 영하 32도로 상온에서는 기체이기 때문에 추운 날씨에도 넓은 지역에 살포할 수 있었다. 또한 공기보다 훨씬 무거운 염소는 낮은 지대의 참호에 숨어있는 상대에게 치명적인 공격 수단이었다.

하버의 아내 클라라(1870~1915)도 화학자였다. 그녀는 독가스 개발을 반대했지만 하버는 강행했고, 양심의 가책을 느낀 그녀는 자살을 선택했다. 하버는 염소 독가스보다 훨씬 독성이 강한 포스겐도 개발했다. 일산화탄소와 염소를 반응시켜 만든 포스겐이 피부에 닿으면 수포와 물집 등이 생기며, 포스겐을 흡입하면 염소가 분해되어 염산이 되면서 피부가 녹아내리는 심각한 폐수종을 일으킨다.

하버의 조국 독일은 그를 인정했을까? 제1차 세계대전 후, 독가스 개발로 인한 논란에도 불구하고 그는 암모니아를 합성한 공로로 노벨상을 수상(1918년)하였다. 그러나 그 영예는 잠깐, 히틀러(1889~1945)의 집권은 그에게 악몽이었다. 무기 개발로 강력한 독일 건설에 기여하고자 하였으나 유대인이었던 그는 결국 연구소에서 쫓겨나고 말았다.

악몽은 끝이 아니었다. 1940년 봄, 폴란드의 아우슈비츠에는 가시철망과 고압전류가 흐르는 울타리, 기관총이 설치된 감시탑 등을 갖춘 강제수용소가 세워졌다. 열차로 실려 온 사람들은 총살, 고문, 질병, 굶주림, 인체실험 그리고 공동샤워실로 위장한 가스실에서 수백 만 명이 죽어 갔으며, 그 중 200여만 명은 하버의 동족, 유대인이었다. 인류 최악의 가장 잔인했던 학살 현장이자 지상에 존재했던 지옥, 아우슈비츠! 그 곳에는 하버가 개발한 저승사자, 염소 독가스가 있었던 것이다.

⚛ 산업혁명

염소는 산업혁명을 가능케 한 표백제의 원료였다. 1774년, 섬유의 표백은 잿물에 담근 무명을 꺼내어 펼친 후 햇볕에서 몇 달 동안 반복해서 건조시키는 것이었다. 무명에 남은 알칼리성은 우유의 발효로 얻은 젖산으로 중화시켰다. 그러나 이것은 낙농업이 발달한 나라에서나 가능한 방법이었다. 표백 기간을 줄이기 위해 젖산 대신에 황산이 필요했으나, 유리용기에서 황을 태워 만든 황산으로는 부족했다. 이에 리벅(1718~1794)은 납으로 된 방(연실)에서 황을 태우는 연실법으로 표백 기간을 크게 단축시켰다.

그러나 방적기계와 직물기계의 발명으로 표백할 면직물들이 넘쳐나자 새로운 표백법이 필요했다. 이 시기에 셸레가 발견한 염소는 새로운 표백제의 원료였다. 베르톨레(1742~1786)는 잿물에 염소를 녹여 하이포아염소산칼륨($KClO$) 표백제를 만들었고, 테넌트(1716~1815)는 잿물 대신에 수산화칼슘 용액에 염소를 녹여 표백분($CaOCl_2$)을 만들었다. 표백이 쉬워지자 다시 면직물의 수요가 늘어났고 마침내 자동 방적기계와 함께 와트(1736~1819)는 증기기관을 발명하였다. 산업혁명이 시작된 것이다. 17번 염소는 독가스 이전에 세상을 산업혁명으로 표백시킨 원소였다.

⚛ 프레온

19세기의 '표백제' 그리고 20세기의 '독가스'로 이름을 날린 염소가 21세기에 다시 주목을 끈 것은 음식물 보관과 무더운 여름을 책임지는 냉장

고와 에어컨, 그리고 스프레이 등에 필요한 프레온 가스였다. 메테인(CH_4)의 수소를 염소와 플루오린으로 치환한 염화플루오르탄소chlorofluor-carbons, CFC의 상품명인 프레온[19]은 분자들 사이의 인력이 약해 쉽게 기화되면서 열을 흡수하는 좋은 냉매였지만 중심 탄소에 결합된 염소는 오존층을 파괴하는 주범이었다. 화학적으로 안정한 프레온이 성층권까지 올라가 자외선에 의해 분해되면서 생긴 염소가 오존층을 파괴하는 것이었다. 즉, 염소가 오존과 반응하여 생긴 ClO가 다시 산소 원자와 반응하여 염소로 분해되면서 계속 오존을 파괴하는 것이다.

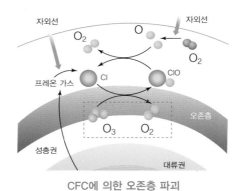

CFC에 의한 오존층 파괴

오존(O_3)은 산소가 자외선에 의해 산소 원자로 분해된 후 다시 산소와 결합하여 생긴다. 햇살 강한 여름날 자외선에 의해 오존이 증가하면 기상청에서는 오존 경보를 발령한다. 오존층이 자외선을 차단하면서 육상식물이 출현한 것과는 달리, 오존층이 파괴되면 대기를 통과한 자외선이 증가하여 사람에게 피부암, 백내장과 같은 질환을 유발하거나 동식물에게

---

19. 프레온
지금은 메테인과 에테인의 수소를 염소나 플루오르로 치환된 하이드로플루오르카본(HFC)이나 하이드클로로플루오르카본(HCFC)까지 포함해서 프레온 가스라 부른다.

치명적인 해를 끼치게 된다. 이에 미국과 유럽공동체 등 주요 국가들은 오존층 보호를 위한 몬트리올의정서(1987년)를 국제협약으로 채택해 프레온 등의 오존층 파괴 물질에 대한 규제를 시작하였다.

염소 소독

염소(鹽素)의 '염'은 소금이며 '염소'란 소금에서 얻는 원소라는 뜻이다. 바닷물에 전기를 흘려주면 양극에서는 염화 음이온의 산화로 염소가, 음극에서는 물의 수소가 환원되어 수소가 발생한다. 전기분해 후 남은 용액에서는 수산화나트륨을 얻는다. 바닷물을 전기분해하면 산업적으로 매우 중요한 염소, 수소, 수산화나트륨을 동시에 얻을 수 있는 것이다.

수돗물에서 나는 비릿한 냄새는 물의 정화 과정에서 걸러지지 않는 세균이나 바이러스를 살균하기 위한 염소 소독에 기인한다. 즉, 염소가 물에 녹으면서 생긴 하이포아염소산(HOCl)이 장티푸스나 콜레라균 등을 살균하여 전염병을 예방하는 효과를 나타낸다. 그러나 이 과정에서 수돗물 원수가 유기물로 오염되어 있으면, 클로로포름 등의 발암물질이 생길 수도 있다. 반면에 살균력이 강한 오존 소독은 지속 시간이 짧고, 자외선 소독은 많은 양의 물을 소독하기 어렵다.

염소가 갖는 독가스, 표백, 살균의 성질은 염소가 산소보다도 전자친화도가 더 큰 강력한 산화제이기 때문이다. 즉 염료와 같은 유기물에서 전자를 뺏어 색깔을 없애며 병원균을 파괴하는 것처럼, 사람에게는 독가스로도 작용하는 것이다.

원소들이 용도에 따라 양면성을 나타내는 것처럼 사람도 양면성을 갖고 있었다. 비록 하버는 염소 독가스의 개발로 인류의 광기를 드러냈지만,

그는 인류를 기아의 공포로부터 벗어나게 한 '두 얼굴의 천재 과학자'였다.
7번 질소와 수소를 반응시켜 암모니아를 합성한 하버의 다른 얼굴은 어떤
모습이었을까?

· · · · ·

염소의 다양한 용도

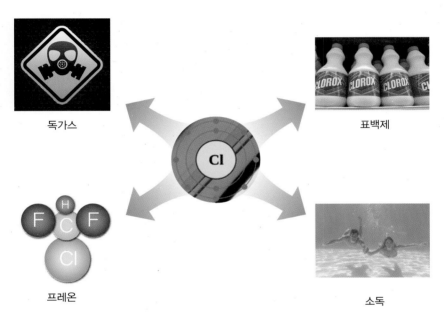

독가스

표백제

프레온

소독

08

똥 장군과
폭탄

Nitrogen, $_7$N

치명적인 독가스 공격에도 제1차 세계대전에서 패한 독일은 베르사유 조약(1919년)에 따라 엄청난 전쟁배상금을 지불해야 했다.

하버는 전쟁배상금을 갚기 위한 계획을 구상했다. 바닷물에서 금을 채취하는 것이었다. 그는 비밀리에 10여 년 동안 전 세계의 바닷물을 샅샅이 뒤졌으나 바닷물에 녹아있는 금의 양은 기대에 못 미쳤고 그의 꿈도 물거품이 되고 말았다. 1934년, 이러한 노력에도 불구하고 유대인이라는 이유로 연구소에서 쫓겨난 그는 스위스 바젤의 작은 호텔 방에서 심장마비로 사망했다.

하버에게 '두 얼굴의 천재 과학자', '공기로 빵을 만든 과학자'라는 타이틀을 부여한 것은 암모니아의 합성이었다.

1800년대 맬서스(1766~1834)의 '인구론'은 당시 기하급수적인 인구 증가로 닥칠 식량 위기에 대한 경고였다. 기존의 토양에 단백질의 원료로 질소를 공급하는 방법으로는 한계에 다다르고 있었다. 이 때, 하버가 공기 중의 7번 질소로부터 질소 비료의 원료인 암모니아를 합성한 것이었다. 빵과 암모니아는 어떻게 연결되는 것일까?

🦴 똥 장군

삼국지의 영웅, '관우, 장비, 조운, 마초, 황충'은 화려한 무용담으로 다섯 마리의 호랑이 장군, 오호 장군으로 불렸다. 그러나 소설 속 장군들보다 더 친근한 장군은 선조들의 고단한 삶과 함께한 똥 장군이었다. 똥 장군은 거름으로 쓰는 똥을 밭으로 옮길 때 사용했던 옹기 단지이다. 주로 봄에 변소에서 삭힌 똥이나 오줌을 담고 똥지게로 옮겼다.

식량의 1차 생산자인 식물의 성장에 필요한 산소, 수소, 탄소는 공기 중의 이산화탄소와 물로 계속 공급되지만, 땅에서 공급되는 질소, 인, 칼륨 등은 점차 부족하게 된다. 특히 단백질을 구성하는 아미노산의 원소인 질소[20]가 부족하면 잎이 노랗게 되며 성장이 느려진다. 이에 농부들은 공기 중의 질소를 고정시키는 뿌리혹박테리아가 들어있는 콩과작물과 다른 작물을 번갈아 경작하거나 사람 혹은 동물의 똥으로 질소를 공급했다. 똥은 더러운 것이 아니라, 재나 왕겨, 짚이나 풀과 함께 삭혀서 만드는 거름의 원료였다. 옛날에는 길을 걷다 똥이 마려워도 집에 올 때까지 참았으며, 친구 집에 놀러 가도 똥은 집에 와서 누었다. 심지어 친구 집에서 똥을 누면 다음날 친구를 자기 집으로 데려와 똥을 누게 했다.

🦴 새똥, 구아노

19세기 초, 농작물에 필요한 질소는 콩과작물에 의한 질소 고정이나 번개에 의해서 생긴 질소 화합물, 혹은 구아노라 불리는 칠레초석($NaNO_3$)

---

20. 질소
라부아지에는 밀폐된 공간에서 양초에 불을 붙이고 시간이 흐르자 생쥐가 고통스러워하는 것을 보고 연소 후 남은 공기는 생명 현상에 필요 없는 공기라는 뜻의 '아조트'라 불렀다. 이는 곧 초석을 만든다는 질소(nitrogen)로 바뀌었다. 질소(窒素)는 질식시키는 원소라는 한자어이다.

으로 충분했다. 구아노는 가마우지 등에 의해 오랜 세월 동안 산처럼 쌓인 새똥으로 페루의 무인도에서 발견되었다. 원주민들은 구아노를 비료로 사용하고 있었지만, 페루를 정복한 스페인은 이를 무시했다. 원주민들이 죽거나 쫓겨나면서 구아노는 점차 잊혀 졌다.

19세기 말 산업혁명과 의술의 발전으로 평균수명이 늘면서 유럽의 인구는 폭발적으로 증가하기 시작했다. 영국은 식량 증산을 위해 새로운 질소 공급원을 찾아 나섰다. 그것은 새똥, 구아노였다. 영국이 구아노에 투자하면서 페루는 봇물 터지듯 돈이 넘쳐나기 시작했다. 그들이 하는 일은 단지 새똥을 파내는 것이었다.

페루는 구아노를 담보로 차관을 도입해 설탕 농장에 대규모로 투자했으나, 이것은 구아노 저주의 시작이 되었다. 1876년, 투자에 실패한 페루는 '채무불이행'을 선언하고 구아노 산업을 국유화했다. 다급해진 영국은 페루와 칠레의 국경에서 새로운 구아노를 발견했으나, 이것은 소유권을 주장하는 페루와 칠레의 초석 전쟁(1879~1883)의 도화선이 되었으며 칠레에 패한 페루는 가난한 나라로 전락했다. 구아노를 국유화한 칠레도 내전이 발생하면서 구아노의 저주에서 자유롭지 못했다. 이때부터 시작된 두 나라의 경제적 어려움은 오늘날까지 지속되고 있다.

전 세계로 구아노가 공급되면서 식량 문제가 해결된 것 같았다. 그러나 20세기 초에 인구가 16억 명에 달하자 그 수요를 구아노로도 감당할 수 없었고, 다시 식량 위기에 직면한 인류는 새로운 질소 공급원을 찾아야 했다. 유일한 방법은 공기 중의 질소를 암모니아로 바꾸는 것이었다. 일단 반응성이 큰 암모니아를 만들면 오스트발트(1853~1932)법[21]으로 질소 비료를 쉽게 만들 수 있었다. 새똥 대신에 식량 위기를 극복할 열쇠는 화학에 있었다.

---

21. 오스트발트법
암모니아와 공기를 높은 온도로 가열한 백금 그물에 접촉시켜 질산을 만드는 방법

◌ 공기 빵

식물은 공기 중의 이산화탄소와 뿌리에서 흡수한 물을 이용하여 탄소동화작용으로 포도당을 만들며, 질소동화작용으로 포도당과 암모늄염을 결합시켜 글루탐산을 만든 후 각종 아미노산과 단백질을 형성한다.

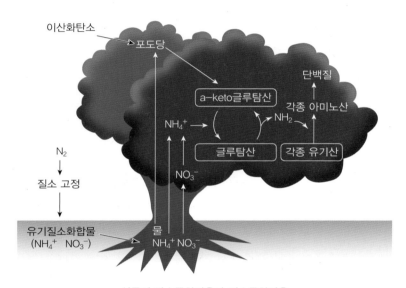

이산화탄소
포도당
단백질
a-keto글루탐산
각종 아미노산
NH_4^+
NH_2
N_2
글루탐산
각종 유기산
질소 고정
NO_3^-
유기질소화합물
(NH_4^+ NO_3^-)
물
$NH_4^+ NO_3^-$

식물의 탄소동화작용과 질소동화작용

공기 중의 질소를 이용할 수 없는 것은 산소의 이중결합(O=O)과 달리 질소의 삼중결합(N≡N)을 끊기에는 큰 에너지가 필요했기 때문이었다. 질소를 어떻게 암모니아로 바꿀수 있을까? 1904년, 하버는 촉매[22]를 사용하여 600~900도, 200기압하에서 질소와 수소를 반응시켜 암모니아를 합성했다. 그러나 이러한 조건을 견딜 수 있는 큰 반응 용기를 만드는 난관

---

22. 촉매
반응 도중에 소모되지 않고 단지 반응속도만을 증가시키는 물질

에 봉착했다. 더 쉬운 방법을 찾아야만 했다.

도전자는 보슈(1874~1940)였다. 1913년, 그는 철 촉매와 500도, 100기압의 조건하에서 암모니아를 대량 생산했다. 공기로 빵을 만들 수 있게 된 것이었다. 이로써 인류는 식량 위기에서 벗어났으며, 오늘날에도 단백질에 들어있는 질소의 1/3은 이 방법으로 생산된다.

이후 하버의 관심은 빵에서 무기로 옮겨갔다. 전쟁을 준비 중이던 독일은 암모니아로 합성한 질산으로 폭탄의 원료인 니트로글리세린을 충분히 확보하게 되자 곧이어 제1차 세계대전을 일으켰다. 기아의 공포에서 벗어나자 인류는 전쟁의 공포에 직면한 것이었다. 연합군은 폭탄 원료인 칠레초석이 독일로 유입되는 것을 철저하게 봉쇄했지만 전쟁은 예상과는 달리 4년간이나 지속됐다. 그 뒤는 하버와 보슈가 생산한 암모니아가 떠받치고 있었던 것이다.

노벨의 아이러니

폭탄 원료인 니트로글리세린은 약한 충격에도 쉽게 폭발했다. 1863년, 노벨은 니트로글리세린을 용기에 채우고 점화플러그를 끼운 뇌관을 만들었다. 이것은 점화장치에 설치한 소량의 화약으로 니트로글리세린을 폭발시키는 방식이었으나 이 폭발로 동생을 비롯한 다섯 명이 사망하고 말았다.

어떻게 안전하게 보관할 수 있을까? 그것은 니트로글리세린 운반 상자에 톱밥 대신에 채운 규조토[23]였다. 얼마 후 노벨은 용기 밖으로 새어나온 니트로글리세린이 규조토에 흡수되면 안전하다는 것을 알았다. 규조토와 니트로글리세린을 섞은 고체 화약 다이너마이트가 탄생한 것이다.

---

23. 규조토
규조토는 돌말로 불리는 규조류가 퇴적된 지층이 땅위로 나온 것으로 다공성 물질이다.

그런데 다이너마이트 공장에서 특이한 일들이 벌어졌다. 협심증[24]을 앓던 인부들의 증세가 주말이 되면 더 심해지는 것이었다. 그 이유는 인부들이 일하면서 무의식적으로 섭취한 단 맛의 니트로글리세린이 분해되며 생긴 산화질소가 혈관을 확장시켜 협심증을 완화시켰기 때문이었다. 그러나 협심증을 앓던 노벨은 그 효과를 믿지 않았고 결국 협심증으로 사망하고 말았다. 체내에 산화질소가 부족하면 혈관이 막혀서 각종 질환이 생긴다는 것은 이그나로(1941~)에 의해 밝혀졌으며, 그는 노벨 생리의학상을 수상(1998년)하였다.

최무선과 염초

질산은 하버뿐만 아니라 고려 말, 왜구를 물리치기 위하여 화약 개발에 매진하던 최무선(?~1395) 장군에게도 중요했다. 화약의 원료인 염초가 질산칼륨(KNO_3)이었으나, 그 제조법은 원나라의 국가기밀이었다.

염초를 어떻게 제조할까? 이서(1580~1637)의 '신전자취염초방'에 의하면 염초는 가마, 마룻바닥, 담벼락, 온돌 밑의 흙을 긁어내어 여기에 재와 오줌을 섞고, 이를 말똥으로 덮고 나서 말똥이 마르면 태운 다음, 다시 물을 붓고, 이 용액을 가마에 끓여 결정을 만든다. 즉, 변에 있는 암모니아가 산화된 질산과 나무를 태운 재의 칼륨이 결합하여 염초, 즉 질산칼륨이 되는 것이다.

염초는 화약에서 어떤 역할을 할까? 연소란 탈 물질이 산소와 반응하여 열과 빛을 내는 현상이다. 따라서 화약이 짧은 시간에 폭발적인 힘을 내려면 많은 산소가 필요하다. 즉 염초의 열분해로 생긴 산소에 의해 황과 숯이 연소되면서 열이 발생하고 팽창한 기체의 힘으로 화포가 발사되는

---

24. 협심증
심장 근육에 혈액을 공급하는 혈관이 막혀 혈액이 원활하게 흐르지 못해 일어나는 빈혈. 심장에 산소 공급이 부족하면 가슴이 죄는 듯한 통증을 느낀다.

것이다.

원나라의 이원에게 염초 제조법을 배운 최무선은 20여 년 동안 각고의
노력 끝에 화약을 개발하였다. 그는 화통도감에서 개발한 화약무기로 왜
구를 물리쳤으며 쓰시마 정벌에도 큰 공을 세웠다. 조선시대에 만든 100
발을 연속적으로 발사할 수 있는 로켓발사장치인 신기전도 최무선 장군
의 주화를 개량한 것이다. 당시 2 km까지 날아가는 대신기전은 세계에서
가장 멀리 날아가는 최첨단 다연장 로켓이었다.

질소 화합물의 다양한 용도

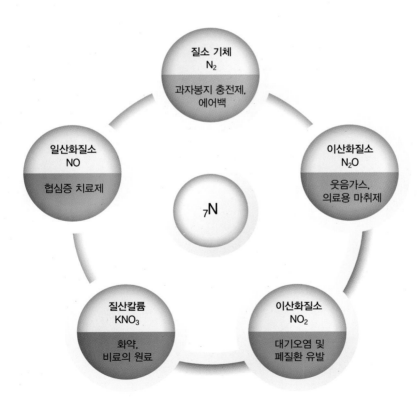

09

촉매
삼총사

Platinum, 78**Pt**

인구의 기하급수적 증가에 의한 절체절명의 식량 위기에서 인류를 구한 하버와 보슈!
하버는 안정한 질소를 수소와 반응시키기 위해 철 촉매로 질소의 삼중결합을 끊었다.
그리고 보슈는 암모니아를 대량 생산할 수 있는 조건을 찾아내 공기로 빵을 만드는 데
성공했다.
화학반응을 촉진시키는 촉매는 플라스틱, 섬유, 의약품 합성이나 원유의 크래킹 등의
많은 화학반응에 사용되는 식탁의 소금과 같은 물질이다. 특히 대기오염으로부터 환경
을 수호하는 촉매 삼총사인 78번 백금, 45번 로듐, 46번 팔라듐의 중요성은 아무리 강
조해도 지나침이 없다.

🔬 촉매와 마지노선

화학반응에서 필요한 것은 무엇일까? 수소와 산소의 반응은 H-H와 O=O 결합을 끊고 새로운 H-O-H 결합을 형성하는 과정이다. 이것은 수소와 산소보다 수증기가 더 안정하기 때문에 일어난다. 그러나 이러한 반응이 일어나려면 수소와 산소 각각의 결합을 끊기 위한 최소의 마지노선[25]인 활성화 에너지가 필요하다. 예를 들어 성냥을 켜기 위해 필요한 활성화 에너지는 마찰열이다.

활성화 에너지, 즉 화학반응의 마지노선을 쉽게 돌파하는 길은 독일군이 벨기에로 돌아서 프랑스를 공격한 것처럼 부촉매[26]를 이용하는 것이다. 촉매는 소량으로도 활성화 에너지를 낮추어 반응을 촉진시킨다. 촉매의 중요성은 하버-보슈법에서 사용한 백금/로듐 촉매로 확인되었다.

촉매는 1800년대 초 탄광에서 사용한 백금 조명으로 이미 알려져 있었다. 어떻게 백금만으로 불을 밝힐 수 있었을까? 탄광 안에는 일산화탄소가 많아 백금 표면에서 산소와 반응하여 빛을 낸다. 백금이 촉매로 작용한 것이다. 만약에 일산화탄소와 산소만 있다면 반응하지 않는다.

촉매의 원리를 밝힌 사람은 에르틀(1936~)이었다. 그는 수소가 백금 표면에서 원자로 해리되면서 반응하는 것을 밝혀냈다. 백금 조명도 일산화탄소와 산소가 백금 표면에서 원자로 해리된 후 이산화탄소로 결합하면서 연소되는 것이다.

---

25. 마지노선
제1차 세계대전 이후, 프랑스가 독일군의 공격을 막기 위해 1936년에 구축한 총 750 km의 요새선으로 지금은 마지막 한계선이라는 의미로 사용된다.

26. 부촉매
'천리 길도 한 걸음부터'라는 속담처럼 화학반응도 순서대로 천천히 진행시켜야 할 경우에는 반응속도를 늦추는 부촉매를 사용한다. 부촉매는 반응물의 결합은 쉽게 끊지만, 촉매가 각각의 원자들과 강하게 결합되어 있어 오히려 반응속도가 느려진다.

촉매는 화학반응에서 반응하는 물질과 촉매의 상태에 따라 균일촉매와 불균일촉매로 분류된다. 예를 들어 오존층 파괴의 주범인 프레온 가스는 자외선에 의해서 오존을 분해하는 촉매인 염소를 만드는데, 오존과 염소는 모두 기체이기 때문에 염소는 균일촉매이다. 하버-보슈법의 촉매인 철은 반응물인 질소와 수소 기체와는 달리 고체이므로 불균일촉매이다.

촉매 삼총사

현대 기술문명의 상징인 자동차의 폭발적 증가는 화석연료의 연소로 인한 공해와 대기오염의 문제를 낳았다. 화석연료의 사용을 줄일 수 없다면 유해 배기가스를 효율적으로 제거해야 한다. 유해 배기가스에는 주로 화석연료가 연소될 때 산소 부족이나 낮은 온도에서의 불완전 연소에 의한 일산화탄소나 그을음 등이 있다. 또한 화석연료에 포함된 황의 연소에 의한 이산화황이나, 자동차 엔진 내부에서 질소와 산소의 반응으로 발생한 NOx [27]등이 있다.

유해 배기가스는 백금과 로듐, 팔라듐 촉매가 들어있는 삼원촉매장치의 다공성 세라믹을 통과하면서 분해된다. 즉, 불완전 연소 생성물인 일산화탄소와 탄화수소는 산소와 반응하여 이산화탄소와 물로, 산화질소는 질소와 산소로 정화된다. 촉매는 높은 온도에서 작동하기 때문에 온도를 빨리 올려야 한다. 자동차 배기통에서 나오는 김이나 물은 촉매에 의해 생긴 수증기가 차가운 공기를 만나서 생긴 것이다.

그러나 촉매 삼총사는 귀금속으로 알루미나 등에 소량을 코팅하여 사

---

27. NOx

NO_2, N_2O, NO_2 등 다양한 질소화합물을 총칭하여 NOx라 한다. 연소 온도가 높을수록 많이 생기며 대기 오염에 큰 영향을 미치는 NO_2는 적갈색의 자극성 냄새가 나는 유독성 기체이다.

용한다. 흔한 알루미늄이나 철을 촉매로 사용할 수 있다면 금상첨화겠지만, 이로 인한 화석연료의 무분별한 과다 사용을 막으려는 자연의 방어인 것이다.

몸 안의 촉매, 효소

촉매는 사람과 모든 생물체에도 존재하며, 이들을 효소^{enzyme}라 한다. 대부분 단백질인 효소는 특정 온도를 벗어나면 기능을 상실하며, 인체 내 효소들은 35~40도에서 가장 잘 작동한다. 특히 온도가 높으면 단백질의 변성이 일어나 효소가 기능을 상실하기 때문에 사람의 체온이 40도가 넘으면 즉시 체온을 내려야 한다.

산성도에 따라서도 효소의 활성이 달라진다. 예를 들어서 입 안에서 탄수화물을 분해하는 아밀라아제 효소는 pH 7에서 잘 작동하지만, 위에서 단백질을 분해하는 펩신은 강한 산성인 pH 2에서 가장 효과적이다. 따라서 입 안에 펩신, 혹은 위에 아밀라아제가 있으면 그 역할을 수행할 수 없는 것이다.

항암제, 시스플라틴

암은 그 존재만으로도 환자들에게 죽음의 공포를 드리우는 완치가 어렵고 발생도 예측하기 어려운 병이다. 크기가 작고 전이되지 않은 암은 수술이나 X-선 혹은 방사선으로 치료하지만, 다른 부위로 전이되거나 몸 전체에 퍼지면 항암제 등을 사용한다. 항암제는 암세포의 대사 경로를 차단해 암세포를 죽이거나 암세포의 성장을 막는다. 그러나 이 항암제는 암세포처럼 계속 분열하는 머리카락과 같은 정상세포도 공격하기 때문에 탈

모 등의 부작용을 일으킨다.

촉매나 전극으로 사용되는 백금은 암환자들에게 한 줄기 빛으로 다가왔다. 1964년, 로젠버그(1926~2009)는 백금 전극 사이에 전류가 흐를 때 박테리아의 세포분열이 멈추는 것을 발견했다. 배지에 첨가된 염화암모늄과 백금 전극의 반응으로 생긴 '시스플라틴' 때문이었다. 특이하게도 X자 구조의 같은 쪽 끝에 염소가 있는 시스플라틴과는 달리 반대에 위치한 트란스플라틴은 항암 효과가 없었다. 구조의 작은 차이가 전혀 다른 효과를 나타낸 것이다. 즉, 시스플라틴의 염소가 암세포의 이중나선 구조에 인접한 두 개의 DNA 염기로 치환되면서 이중나선을 단단하게 고정시켜 암세포의 분열을 막은 것이다. 우리나라 최초의 신약 선플라[28]는 시스플라틴을 이용한 항암제이다.

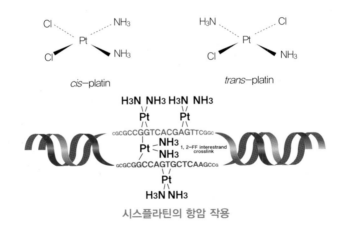

시스플라틴의 항암 작용

---

28. 선플라
암환자들에게 태양처럼 밝은 희망을 준다는 뜻으로 선은 태양을, 플라는 백금을 의미한다

이후 유기 화합물 합성 기술의 발달로 특정 암세포만을 공격하는 글리
벡[29] 등의 항암제가 개발되면서 소아백혈병과 림프종, 고환암 등은 거의
완치가 가능하게 되었다.

🦴 팔라듐과 로듐

1992년, '침묵의 암'으로 불리는 자궁암의 치료제인 택솔이 주목에서
발견되었다. 그러나 한 사람을 치료하려면 수령 100년 이상의 태평양 주
목 세 그루에서 벗겨낸 껍질로부터 택솔을 추출해야 했다. 즉시 환경론자
들은 반발했다. 미국 북서부에 자생하는 태평양 주목은 올빼미들의 주요
서식지였던 것이다.

암모니아의 합성처럼 택솔의 합성은 화학자들의 몫이었다. 그들은 먼
저 X-선 결정법과 다양한 방법으로 택솔의 구조를 밝혀냈다. 그리고 헤크
(1931~), 에이이치(1935~), 아키라(1930~)는 레고 블록을 조립하듯 간단한
물질로부터 복잡한 택솔을 합성해냈다. 이 과정에서 팔라듐[30] 촉매는 택
솔의 특정한 위치에 새로운 탄소-탄소 결합을 만드는 경로를 제공함으로
써 택솔 합성에 결정적인 기여를 했다.

촉매 삼총사의 막내 로듐은 주로 백금과 팔라듐 등의 백금족 원소들과
함께 백금 광석에서 산출된다. 1803년, 울러스턴은 이들 광석에서 발견한
물질을 왕수에 녹일 때 생기는 염화로듐의 붉은색으로부터 이름을 붙였다.

---

29. 글리벡
필라델피아 염색체라는 비정상적인 염색체를 가진 백혈병 암세포에만 선택적으로 작용하여 백혈구의
증식을 억제하는 항암제

30. 팔라듐
1802년, 울러스턴이 백금을 왕수에 녹여 증발시킨 후 시안화수은 용액을 첨가해서 생긴 침전에서 발견
하여, 같은 해에 발견된 소행성 팔라스에서 팔라듐으로 명명하였다.

이처럼 로듐과 백금, 팔라듐은 원소 생성 시기부터 생사고락을 함께 한 뗄 수 없는 원소 삼총사였다. 그러나 자동차와 화석연료의 사용량 증가에 의한 대기오염만이 문제는 아니었다. 식량 생산과 해충 방제를 위한 농약의 과다한 사용은 새로운 환경오염을 낳았다. 그들은 80번 수은과 48번 카드뮴과 같은 중금속이었다.

• • • • •

다양한 촉매

① 하버-보슈법의 철 촉매: $N_2(g) + 3H_2(g) \xrightarrow[\text{고온, 고압}]{\text{촉매}} 2NH_3\,(g)$

② 삼원촉매장치: $HC, CO \longrightarrow H_2O, CO_2$
$NOx \longrightarrow N_2, O_2$

③ 프레온 가스의 염소 촉매: $O_3 + Cl \longrightarrow O_2 + ClO$

④ 황산수은 촉매: 인디고 염료 합성

10

침묵의
봄

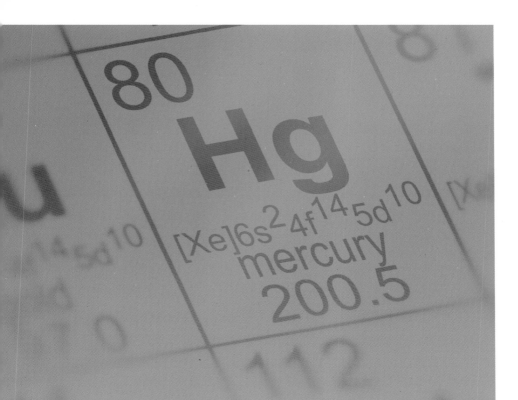

Mercury, 80Hg

뮐러(1899~1965)는 절지동물을 대상으로 한 DDT의 탁월한 살충 효과를 밝혀내 노벨상(1939년)을 받았다. 그 후 DDT는 제2차 세계대전 당시 말라리아를 옮기는 모기와 티푸스의 원인이 되는 이를 박멸시켜 수많은 사람을 살렸으며, 전후에는 농업 분야에서 살충제로 사용되었다. 원자폭탄, 페니실린과 함께 제2차 세계대전이 낳은 3대 발명품 중 하나인 DDT! 그러나 그 영광은 순간이었다. 환경운동의 대모 카슨(1907~1964)에 의해 DDT의 환경오염 문제가 수면 위로 떠오른 것이다.

미국을 상징하는 대머리독수리의 개체 수 감소는 80번 수은에 의한 것으로 알려졌지만, 그녀는 환경문제에 대한 인식의 대전환을 불러 일으켰다. 개발의 가치를 강조한 과학적 지성과 보존의 가치를 강조한 환경적 감성의 공동 목표는 푸른 지구에서 행복한 삶을 사는 것이다. 둘은 같은 길을 걸어가는 동반자인 것이다.

🔬 침묵의 봄

1958년, 카슨은 친구로부터 정부가 모기를 방제하기 위해 살포한 살충제로 인해 자신이 기르던 새들이 죽었다는 편지를 받는다. 이를 계기로 그녀가 쓴 살충제 DDT[31]의 위험을 경고하는 '침묵의 봄Silent Spring'이 출간되자 환경 보호를 외치는 각계의 요구가 빗발쳤다. 1972년, 케네디(1917~1963) 대통령은 환경문제 자문위원회를 구성하였으며 DDT 사용은 전면적으로 중단되었다.

카슨이 제기한 DDT가 환경에 영향을 미친 대표적인 사례는 대머리독수리의 개체 수 감소였다. 그 원인은 DDT로 오염된 대머리독수리의 알이 칼슘 부족으로 쉽게 깨져버리기 때문이라는 것이었다. 실제로는 수은 중독이나 산성비에 의한 것으로 밝혀졌지만, DDT가 인체에 축적될 경우 내분비계 교란으로 암을 유발할 수도 있다.

그러나 DDT는 말라리아[32] 기생충을 옮기는 모기 퇴치에 효과적이었다. 아프리카에서 말라리아는 어린이와 노약자에게 치명적인 사망 원인이다. 환경론자들은 환경 친화적인 살충제 사용을 주장하지만, 가난한 나라에서 DDT는 가장 효율적인 살충제였다. 이에 2006년 세계보건기구는 아프리카 국가들에게 말라리아 퇴치를 위해 농업을 제외하고 일부 실내에서만 DDT를 사용할 것을 권장하기도 했다.

---

31. DDT
Dichloro-Diphenyl-Trichloroethane의 약어

32. 말라리아
모기의 침을 통해 체내로 침투한 열원충이 피를 타고 이동하면서 적혈구를 파괴하고, 고열과 함께 사람을 죽게 하는 전염병이다.

🔬 불로장생약

대표적인 환경오염 물질인 수은[33]은 고대로부터 만병통치약, 불사약으로 처방되었으며, 최근까지도 매독 치료제로 사용되었던 금속이었다.

강력한 군사 조직으로 천하통일을 이룬 무소불위 권력의 황제 진시황(BC 259~BC 210)이 갈구했던 것은 불로불사의 꿈이었다. 사마천(BC 145~BC 86)의 '사기'에 의하면 진시황은 지하궁전 건설에 엄청난 양의 수은을 사용하였으며 간질로 사망한 것으로 전해진다. 이 증세로 인해 그가 수은 중독이었다는 설이 제기됐다. 실제로 수은을 약초에 섞어 환약으로 섭취하면 일시적으로 혈색과 피부가 좋아진다. 그러나 수은 중독은 과도한 흥분 상태의 정신분열증을 일으킨다. 루이스 캐럴(1832~1898)의 동화 '이상한 나라의 앨리스'에서도 수은에 중독된 모자 제조공들은 피해망상증과 함께 말이 많았다.

오랫동안 인류가 사용한 청동거울은 표면이 빨리 부식되었다. 13세기 베니스인들은 유리 뒷면에 금속판을 댄 거울[34]을 만들었고, 이후 금속판 대신에 수은을 가열하여 유리 표면에 처리한 거울이 널리 사용되었다. 그러나 이 과정에서 많은 노동자들이 수은 중독으로 사망했다. 이처럼 수은으로 인한 고통은 예전부터 있었지만, 증상이 서서히 나타나기 때문에 수은 중독이 밝혀지기까지는 오랜 시간이 걸렸다.

🔬 미나마타병

페니실린이 개발되기 전에는 매독 치료제로 수은을 사용했기 때문에

---

33. 수은
물처럼 흐르는 은이라는 Hg는 물(hydro, 水)과 은(argyros, 銀)의 합성어이다.

34. 거울
거울은 '거꾸로'라는 뜻의 '거구루'에서 기원한다. 거울이 없던 당시 냇가나 개울물에 얼굴을 비추면 좌우가 거꾸로 보이기 때문이었다.

많은 사람들이 수은 중독으로 귀머거리가 되거나 죽었다.

특히 수은 중독에 의한 미나마타병은 환경파괴에 대한 자연의 준엄한 경고였다. 1952년, 일본 미나마타 연안의 조개들이 폐사했고 물고기를 먹은 까마귀는 퍼덕대며 바닥에 떨어졌다. 고양이나 가축들은 날뛰다가 불이나 바다로 뛰어들었고, 주민들은 손발이 뒤틀리면서 혀가 마비되기 시작했다. 1956년, 일본 질소비료 공장 부속병원은 원인 불명의 중추신경 환자 30명이 발생했다고 발표했다.

질병의 원인은 공장 폐수로 인한 수은으로 추정되었으나 일본 정부는 이를 무시하고 공장을 가동시켰고 피해는 확산됐다. 이 병은 전염병이나 유전병으로 오인되어 환자와 가족뿐만 아니라 미나마타 시민들까지 따돌림을 당했다. 1968년, 병의 원인은 일본질소비료 공장에서 아세트알데히드 생산에 사용했던 황산수은 촉매에 의해 생긴 메틸수은으로 밝혀졌다. 이것이 참치 등의 어류에 축적되었고 먹이사슬에 따라 사람에게 농축되면서 미나마타병에 걸린 것이었다.

🔬 아프다 아퍼

수은과 함께 대표적인 중금속인 카드뮴은 19세기 인상파 화가들이 사랑했던 안료인 카드뮴 옐로의 주성분이었다. 그러나 카드뮴은 '아프다 아퍼'라는 뜻을 가진 '이타이이타이병'을 유발했다. 얼마나 고통이 심했으면 병명이 '아프다 아퍼'일까?

1910년, 일본 토야마 현에서 허리나 다리 근육의 통증으로 걸을 수 없고, 기침만 해도 뼈가 부러지는 환자들이 속출했다. 이 병은 고통이 너무 심해 자신도 모르게 신음 소리를 낸다고 해서 '이타이이타이병'으로 불렸다. 토야마 현 진즈가와 강과 그 지역의 쌀, 환자의 장기에서 중금속이 검출되면서 병의 원인으로 강 상류의 금속 광업소가 지목되었다. 1968년, 일본 정부는 이타이이타이병은 납과 아연을 제련하고 남은 카드뮴에 의한 중독으로 발표하였다. 카드뮴이 섞인 폐수가 논과 밭, 강을 오염시켰고, 이것이 체내에 쌓이면서 뼈의 칼슘과 인이 빠져나가 신장 장애와 골연화증을 일으킨 것이다.

미나마타병과 이타이이타이병 환자

🔬 해지면 빛나리

카드뮴은 낮과 밤을 알리는 광센서 황화카드뮴(CdS)에 사용된다. 이것은 빛을 받으면 전자가 들떠 저항이 감소하면서 전류가 흘러 전원이 작동하는 스위치로 사용된다. 저녁에는 켜지고 아침에 꺼지는 전기스탠드와 가로등, 낮에는 울고 밤에는 조용한 뻐꾸기 시계, 아침에는 열리고 저녁에는 닫히는 커튼도 '해지면 빛나는 황화카드뮴'의 연출작인 것이다.

비록 수은과 카드뮴은 화학 산업에서 발생하는 대표적인 중금속으로 여러 공해병을 일으키기도 했지만, 염료 합성에서 촉매로 작용하면서 모든 사람에게 평등한 패션의 민주화에 기여하기도 했다.

11

황제의
티리안 퍼플

Bromine, ₃₅*Br*

화학과 함께 연상되는 것은 무엇일까? 안타깝게도 대부분은 배기가스에 의한 대기오염이나, 수은과 카드뮴에 의한 환경오염을 떠올린다. 그렇지만 화학은 '지구를 푸르게'라는 슬로건하에 환경을 보호하며 질병으로부터 인류를 지키고 평등한 삶을 누리는 데기여한 것은 명백한 사실이다.

그 중 하나는 염료의 합성이다. 지금은 누구나 알록달록한 옷을 입을 수 있지만, 19세기까지는 염료에도 계급이 존재했다. 특히 지중해에 서식하는 '뮤렉스 브란다리스' 달팽이 체액에서 채취한 티리안 퍼플은 황제나 귀족만 사용할 수 있었다. 티리안 퍼플의중심 원소는 35번 브로민이었다. 더 나아가 티리안 퍼플에서 브로민을 떼어 낸 염료로모두가 즐겨 입는 청춘의 옷, 청바지가 탄생했다.

🔬 다우 케미컬

상온에서 유일한 비금속 액체인 브로민을 발견한 사람은 바닷물이 드나드는 염습지 식물을 연구하던 발라르(1802~1876)였다. 자극적인 냄새 때문에 악취라는 뜻의 '브로모스'에서 유래된 브로민은 냄새는 고약했지만, 세계적인 화학회사 다우케미컬을 일으킨 원소였다.

간수를 연구하던 미국의 다우(1866~1930)는 바닷물을 전기분해하여 진통제와 필름의 감광제로 사용하는 브로민을 얻었다. 1897년, 다우는 브로민을 1파운드에 36센트로 판매하기 시작했다. 당시, 세계 화학약품 시장을 독점하던 독일의 판매 가격은 49센트였다. 독일은 다우에게 브로민을 미국에서만 판매하라고 경고했다. 그러나 다우는 이를 무시한 채 영국과 일본에도 36센트에 팔았다. 독일은 다우를 무너뜨리기 위해 미국에만 생산 원가보다도 낮은 15센트로 공급했다. 그러자 다우는 은밀히 대리인을 통해 브로민을 15센트에 구입하여 유럽에 27센트로 되팔았다. 이를 몰랐던 독일은 출혈을 감수하고 브로민을 12센트, 10센트로 인하했고, 다우는 계속 브로민을 사서 되팔았다.

어떻게 되었을까? 독일이 상황을 파악했을 때 승부는 이미 끝나 있었다. 브로민을 되팔아 모은 자금으로 다우는 계속해서 인디고 염료를 독일보다 싸게 팔았고, 제1차 세계대전 동안 아스피린과 페놀 등을 공급하면서 급속도로 성장해 나갔다. 오늘날 세계 최대의 화학회사인 다우케미컬의 시작은 악취 나는 브로민에 있었던 것이다.

🔬 나도 황제

18세기 중엽에서 19세기 초반까지, 무명을 비롯한 면직물의 표백으로부터 산업혁명이 촉발되었다. 이 시기에 증기기관을 비롯한 다양한 기계를 제작하기 위해 많은 양의 철이 필요했다. 그런데 철광석에서 철을 분리할 때 사용하는 코크스 생산 과정에서 생기는 끈적끈적한 산업 폐기물 콜타르[35]는 골칫덩어리였다.

콜타르를 재활용할 수 없을까? 화학자들은 콜타르를 유기합성의 원료로 연구하기 시작했다. 호프만(1818~1892)은 콜타르에서 아닐린 등을 합성했다. 그의 제자, 퍼킨(1838~1907)은 말라리아 치료제인 키니네를 합성하던 중 진한 자주색 염료를 발견하였다. 이것으로 염색한 비단은 햇빛에 오래 두어도 탈색되지 않았다. 우연히 티리안 퍼플과 같은 자주색 염료 '모브'[36]를 합성하면서 섬유산업의 일대 전환을 맞이한 것이었다. 자주색뿐만 아니라, 다양한 색깔의 염료가 산업 폐기물 처리에서 얻은 염료 합성 기술에서 탄생하였다.

청춘, 인디고 블루

콩과작물 인디고페라[37]에서 추출한 '인도에서 온 물질'이라는 뜻의 인디고는 티리안 퍼플과는 달리 염료였다. 1850년대부터 캘리포니아 노동자들이 입었던 작업복의 염료로 각광받았다.

1880년, 바이엘(1835~1917)은 인디고를 합성하였으나, 이는 경제적이지 않았다. 1893년, BASF의 사퍼는 나프탈렌을 황산과 함께 가열하던 중

---

35. 콜타르
석탄을 가열하여 코크스를 만들 때 생기는 점성이 크고 냄새가 나는 물질

36. 모브
자주색 들꽃의 이름에서 유래한다.

37. 인디고페라
인디고페라 재배는 인도의 주요 산업이었다.

실수로 수은 온도계를 깨뜨리고 말았다. 그런데 황산과 수은이 반응하면서 생긴 황산수은은 나프탈렌을 무수프탈산으로 바꾸는 촉매였으며, 무수프탈산은 인디고로 쉽게 바꿀 수 있었다. 1897년, BASF는 '인디고'를 판매하면서 세계적인 화학회사로 성장하기 시작했다. 초기에 합성된 염료들은 대부분 새로운 염료로 대체되었지만, 인디고는 오늘날까지도 변함없이 청바지의 염료로 청춘을 유지하고 있다.

그런데 놀랍게도 황제의 염료 티리안 퍼플과 노동자의 염료 인디고 화합물의 차이는 단 두 개의 브로민이었다. 황제와 노동자의 차이는 35번 브로민에 있었던 것이다.

티리안 퍼플과 인디고 염료

브로마이드

다우가 간수에서 추출한 브로민으로 만든 브로민화은과 같은 할로겐화은 화합물들은 사진 인화에 필요한 감광제였다. 사진을 찍으면 감광제의 은 이온이 빛에 의해 은으로 환원되면서 잠상이 생긴다. 이 필름을 현상하여 정착액에 담그면 빛과 반응하지 않은 할로겐화은이 녹으면서 실제의 명암과는 반대인 음화가 된다. 이 필름 밑에 인화지를 넣고 빛을 비춘 후 현상과 정착 과정을 거쳐 사진을 인화하는 것이다.

특히 할로겐화은 중에서 감광성이 좋은 브로민화은을 사용하는 고감도 확대용 인화지를 브로마이드 종이라 부르면서 대형 사진도 브로마이

드라 부르게 되었다. 또한 사진 기술과 함께 영화 산업이 발달하면서 극장 스크린에 은을 입히게 되었고 이를 은막이라고 불렀다. 브로마이드에 인쇄된 아이돌 스타와 은막의 스타에서 브로민 염료, 감광제, 사진을 떠올리는 것은 일종의 직업병일까?

황제가 사랑한 비금속이 35번 브로민이었다면 황제가 사랑한 금속은 오늘날 가장 흔한 금속중 하나인 13번 알루미늄이었다.

• • • • •

2015 글로벌 톱 50 화학기업 중 일부

순위	업체	
1	바스프	독일, 화학산업
2	다우케미컬	미국, 화학산업
3	시노펙	중국, 석유화학
4	사빅	사우디, 화학산업
5	포모사플래스틱스	대만, 플라스틱
6	이네오스	다국적, 고분자
7	엑손모빌	미국, 석유화학
8	라이온델바셀인더스트리즈	네덜란드, 석유화학
9	미쓰비시케미컬	일본, 화학약품
10	듀폰	미국, 화학산업
11	LG화학	한국, 화학산업

12
황제의
짝사랑

Aluminum, 13*Al*

황제의 옷을 자주색으로 물들였던 티리안 퍼플과 술을 가득 채웠던 은백색 알루미늄 잰! 브로민이 황제의 권위를 나타내는 비금속이었다면 13번 알루미늄은 황제의 부를 상징하는 금속이었다. 그러나 과학과 기술의 발전은 황제의 특권을 모든 사람들에게 공평하게 돌려주었다. 지금은 누구나 자주색 옷을 입으며, 알루미늄은 철과 함께 가장 흔한 금속이 되었다.

알루미늄의 은백색 광채에 매료된 나폴레옹 3세(1808~1873)는 연회에서 손님들이 사용했던 평범한 '금식기'와는 달리 자신은 최고급 '알루미늄 식기'를 사용했으며, 단추도 알루미늄으로 만들었다. 심지어는 군대를 알루미늄으로 무장시키기 위해 많은 투자를 했다. 그러나 알루미늄은 산소와 규소 다음으로 지각에 풍부하여 산소에게 단단하게 붙잡혀 있어 자신을 쉽게 드러낼 수 없었다.

🔬 세상에 이런 일이?

알루미늄은 캔, 호일, 전기재료, 자동차, 항공기 등에 널리 사용되는 흔한 금속이지만, 한때는 금보다 귀한 금속이었다. 철은 코크스와 석회석을 이용하여 철광석에서 쉽게 분리할 수 있었지만 보크사이트[38] 광석의 주성분인 산화알루미늄(Al_2O_3)으로부터 알루미늄을 분리하는 것은 쉽지 않기 때문이었다. 알루미늄과 산소의 결합은 매우 강했다.

귀한 알루미늄을 평범한 금속으로 만든 사람은 홀(1863~1914)과 에루(1863~1914)였다. 1886년, 미국의 홀은 용융시킨 보크사이트를 전기분해하여 알루미늄을 분리했다. 2개월 후 프랑스의 에루도 비슷한 방법으로 알루미늄을 얻었다. 그들은 서로 자신의 우선권을 주장하는 특허 소송을 진행하던 중 합의하였고, 알루미늄 분리 방법을 홀-에루 과정Hall-Héroult process이라 부르게 되었다. 그런데 놀랍게도 이들은 같은 해에 출생해서, 같은 해에 같은 방법으로 알루미늄을 분리하였고, 같은 해에 사망하였다. 같은 시기에 비슷한 결과를 발표하는 경우는 많지만, 단 한 번도 만난 적이 없는 두 사람의 우연은 '세상에 이런 일이'에 나올 법한 일이었다.

🔬 알루미늄 재활용

알루미늄을 전기분해하려면 다양한 산화물이 섞인 보크사이트에서 산화알루미늄을 먼저 분리해야 했다. 다행히 다른 산화물들과는 달리 산화알루미늄은 강염기에도 잘 녹기 때문에 보크사이트를 염기성 용액에 녹

---

38. 보크사이트
광석이 처음 발견된 프랑스의 레 보(Les Baux)의 지명에서 유래하였으며 시멘트의 주성분이다. 산화알루미늄에 산화철, 실리카 등의 불순물이 섞여 있다.

여 거른 용액을 가열하면 산화알루미늄을 얻을 수 있었다.

그러나 녹는점이 2,045도인 산화알루미늄을 어떻게 용융시킬까? 그것은 눈에 소금을 뿌리면 어는점이 낮아지는 것처럼, 혼합물은 녹는점이 낮아지는 것을 이용한다. 홀과 에루는 보크사이트에 빙정석을 섞은 혼합물을 낮은 온도에서 용융시켜 전기분해한 후 바닥에 가라앉은 알루미늄을 분리했다. 이후 직류발전기의 발명으로 전력이 공급되면서 알루미늄은 도처에 흔한 금속이 되었다. 그렇지만 알루미늄은 '전기 먹는 깡통'으로 불릴 정도로 전력 소모가 크며 철보다 비싼 금속으로 반드시 재활용해야 한다. 여러 종류의 금속 캔들은 전자석에 붙는 철과 붙지 않는 알루미늄의 성질을 이용하여 분리한다.

철은 알루미늄보다 쉽게 생산되지만 부식의 위험이 있어 교량이 붕괴되거나 수도관의 수돗물이 오염되고 누수가 발생할 수 있다. 알루미늄도 산소와 반응하여 표면이 부식되지만, 산화알루미늄 막은 스테인리스나 티탄의 산화막처럼 표면을 보호한다. 실제로 알루미늄 호일이나 용기는 알루미늄을 보호하기 위해 전기를 흘려주는 양극 산화 과정으로 표면에 산화알루미늄 피막을 형성시킨다.

알루미늄 호일

알루미늄박, 알루미늄 냄비, 알루미늄 테이프 등에 사용되는 알루미늄은 은과 색깔이 비슷해서 각각 은박지, 양은(洋銀) 냄비[39], 은박 테이프라 불린다.

---

39. 냄비
일제 강점기 시절에 은과 색깔이 비슷한 알루미늄을 '서양에서 온 은'이란 의미로 양은(洋銀)이라고 불렀지만, 양은은 구리, 아연, 니켈 등의 합금이다.

알루미늄 호일은 왜 한쪽 면에만 광택이 있을까? 알루미늄 덩어리를 눌러서 만든 알루미늄 호일은 매우 얇기 때문에 호일이 끊어지지 않도록 두 장을 겹쳐서 누른다. 이 과정에서 압력을 가하는 원형 드럼과 알루미늄이 서로 붙지 않도록 압연유를 뿌린다. 이 압연유로 인해 드럼과 닿는 알루미늄 쪽은 광택이 난다.

일상생활에서 알루미늄을 많이 사용하지만, 알루미늄이 인체에 축적되면 치매의 원인이 되는 알츠하이머를 일으키기도 한다. 즉 알루미늄에 의해 증가한 독성 단백질, 베타 아밀로이드로 인해 뇌신경 세포가 손상되는 것이다. 알츠하이머 환자에게는 알루미늄을 제거하기 위하여 알루미늄과 성질이 비슷한 철이 포함된 약을 처방하기도 한다.

🧪 두랄루민

알루미늄은 철이나 구리보다 훨씬 가벼워 자동차, 철도 차량, 항공기, 선박 컨테이너 등에 널리 사용된다. 그러나 무른 단점이 있었다. 가벼우면서도 단단한 합금을 만들 수는 없을까?

1903년, 독일 뒤렌사의 빌름(1869~1937)은 알루미늄에 구리와 마그네슘을 첨가한 합금을 물에 냉각시켰으나 단단해지지 않았다. 상심한 그는 합금을 방치한 채 휴가를 떠났고, 놀랍게도 휴가에서 돌아온 그는 합금이 단단해진 것을 발견했다. 합금을 적당한 온도 아래에서 일정한 시간 동안 두면 단단해지는 시효경화가 일어난 것이다. 이 합금은 '뒤렌'과 '알루미늄'에서 두랄루민으로 명명되었다.

강철보다 가볍고 단단한 두랄루민은 제1차 세계대전 때 런던을 공습한 비행선 제작에 사용되면서 '하늘을 나는 금속'으로 불렸다. 이후 미국은 두랄루민에 마그네슘을 첨가한 초두랄루민을, 일본은 더 강한 초초두랄루민을 개발했다. 오늘날 두랄루민은 항공기와 휴대폰, 노트북, 등산용 스틱, 자동차 바퀴용 휠 등에 널리 사용된다. 특히 애플의 아이폰은 다양한 색깔의 알루미늄 합금 케이스로 차별화를 시도한 제품이었다.

루비와 사파이어

다이아몬드와 흑연은 같은 탄소이지만 구조가 다르고 이에 따른 성질도 전혀 다르다. 반면에 보석의 여왕 루비와 사파이어는 구조는 같지만 산화알루미늄에 포함된 불순물에 따라 선명한 색상의 차이를 나타낸다.

루비(홍옥)는 투명한 코런덤(강옥)[40]에 포함된 크로뮴 불순물이 자외선을 흡수하여 빨간색을 띤다. 반면에 사파이어(청옥)는 티타늄, 철 등의 불순물로 파란색을 띠는 코런덤이다. 선명한 색깔의 루비나 사파이어는 투명한 코런덤이 불순물로 인해 재탄생하는 것이다. 코런덤에게 불편한 불순물이 사람에게는 영롱한 보석을 만드는 원소인 것이다.

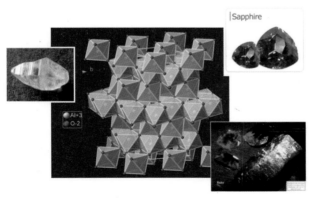

투명한 코런덤의 구조와 사파이어, 루비

---

40. 코런덤(강옥)
Al_2O_3, 모스 경도 9이며 다이아몬드 다음으로 단단하다.

청동기와
철기

Copper, 29Cu / Iron, 26Fe

황제의 금속 알루미늄, 불로장생의 수은, 영원불멸의 금은 인류에게 동경의 대상이었지
만, 인류의 역사는 29번 구리를 함유한 청동기와 26번 철로 만든 철기를 소유한 자에
의해 지배되었다.

BC 4,000년경부터 사용된 철과는 달리 구리는 BC 5,000년경에 이미 사용되고 있었다.
알루미늄 다음으로 지각에 풍부하고 단단한 철이 왜 나중에 사용되었을까? 그것은 철
과 구리의 반응성 차이 때문이었다. 안정한 구리는 금속으로 산출되었지만, 철은 산화철
형태로 존재하며 게다가 철광석의 용융 온도는 구리보다 훨씬 높았다.

🔗 권력은 청동의 끝에서

인류가 최초로 사용한 금속은 청동이었다. 29번 구리와 50번 주석의 합금인 청동은 구리보다 낮은 온도에서 녹아 가공이 쉽고 순철로 만든 도구보다 단단했다. 그러나 구리와 주석의 산출량이 많지 않아 청동기는 주로 장신구나 무기에 쓰였다. 만주와 한반도 일부에서 발견되는 청동기 초기의 비파형 동검과, 청동기 후기의 세형 동검은 족장의 권력을 상징하는 청동검이었다.

청동기 유적에서 발견되는 불에 탄 벼는 중요한 의미를 갖는다. 청동기 시대에는 어로나 수렵, 채집 생활에서 벗어나, 부족 국가 단위의 농경 사회와 더불어 중앙집권적인 국가 권력이 출현하기 시작했다. 즉, 불에 탄 벼는 이동식 생활을 했던 석기시대를 지나 정착 생활과 함께 국가의 형성 및 유지를 위한 서로의 잉여 생산물을 쟁취하려는 정복 활동이 시작되었다는 증거였다.

🔗 에밀레종

우리나라의 구리와 철 주조 기술은 통일신라 시대의 범종과 금동불 및 거대한 철불에 잘 나타나 있다. 특히 '에밀레종'[41]으로 알려진 국보 29호 성덕대왕신종은 세계문화유산으로 등재될 정도로 예술성이 뛰어난 범종이다.

---

41. 에밀레종
에밀레종 위쪽의 음관은 고주파의 잡음을 제거하며, 종의 밑에 패인 명동은 공명에 의해 좋은 소리가 울리도록 한다. 특히 에밀레종은 울림에서 나는 원래 소리와 되돌아오는 소리가 보강되거나 소멸되는 '맥놀이 현상'에 의해 은은한 소리가 나는 것으로 알려졌다.

금동미륵보살반가사유상과 철조불좌상

    무려 22 톤이나 되는 에밀레종을 어떻게 주조했을까? 간단한 청동기는 활석이나 사암 거푸집에 청동을 부어 만든다. 반면에 범종은 섬세한 무늬를 밀랍에 새겨 진흙을 덧씌워 밀랍을 녹여낸 진흙 거푸집에 청동을 붓는 밀랍 주조법으로 만들었다. 그러나 에밀레종 제작에 34년이 걸린 것처럼 그 과정은 쉽지 않았다. 범종은 엄청난 양의 청동을 단번에 거푸집에 부어야 하기 때문에 22 톤의 압력을 견딜 수 있는 튼튼한 거푸집이 필요했다. 또한 청동을 채울 때 기포가 생기지 않도록 공기를 빼내는 것은 지금도 재현하기 쉽지 않은 고난도 기술이었다.

    1975년, 에밀레종을 경주박물관으로 옮길 때였다. 새로 만든 쇠고리에 종을 매달자 고리가 휘어지고 말았다. 종의 무게를 지탱할 수 있는 고리 직경은 15 cm였지만, 에밀레종에 끼운 고리 직경은 9 cm에 불과했던 것이다. 결국 에밀레종은 창고에 두었던 원래 고리로 매달아야 했다. 이것은 넓은 판을 두드리면서 말아서 만들었기 때문에 철사를 꼬아 만든 것처럼 단단했고 9cm로도 충분했던 것이다. [42]

---

42. 이제야 털어놓는 에밀레종 옮길 때의 이야기(한국인, 1985년 11월호)

금동미륵보살반가사유상과 같은 금동불은 밀랍 주조법으로 정교하게 만든 후 수은 아말감법으로 금을 입혀 만든다. 금가루와 수은을 섞은 아말감을 불상에 칠하고 가열하면 휘발성 있는 수은만 날아가고 겉에는 금만 얇게 입혀진 금동불이 되는 것이다.

⚛ 철기의 도래

채광과 야금 기술의 발달로 BC 13세기경 터키의 고대 국가 히타이트 Hittite는 철기와 말이 끄는 전차로 강대한 제국을 건설했다. 이 기술이 이집트와 서아시아, 중앙아시아, 중국을 거쳐 우리나라로 전래되면서 사회는 급변하기 시작했다. 26번 철로 만든 괭이, 삽, 따비, 낫, 손칼은 농업 생산력을 크게 높였고, 이것은 새로운 분쟁을 낳았다. 군사력 유지를 위해 생산물을 빼앗으려는 부족 간, 국가 간의 전쟁이 시작된 것이다. 고구려, 백제, 신라, 가야의 정복 전쟁과 함께 청동기는 조용히 사라져갔다.

히타이트의 철은 탄소와 불순물이 많아 잘 부러졌으나 11세기에 수차의 보급으로 제철 기술이 발전하기 시작했다. 18세기에는 증기기관으로 강한 바람을 불어 넣는 고온 용광로를 사용하면서 제철법이 확립되었다. 제련은 철광석이나 사철[43]에서 철을 분리하는 것이다. 용광로에 1,250도의 뜨거운 공기를 불어 넣으면 코크스(C), 석회석($CaCO_3$)과 함께 철광석은 아래로 내려오고, 코크스의 불완전 연소로 생긴 일산화탄소에 의해 산화철이 철로 환원된다. 석회석이 분해되면서 생긴 생석회(CaO)는 철광석 내 불순물인 실리카와 반응하여 가벼운 슬래그 형태로 떠오르게 하여 제거한다.

---

43. 사철
암석 중에 들어있던 자철광이 부서져 강이나 바다에 쌓인 광물

🔬 한강의 기적

1962년, 한국전쟁의 상흔을 극복하고 조국 근대화를 기치로 내건 경제 개발 5개년 계획은 1996년 제7차 계획을 끝으로 막을 내렸다. 이 기간 동안 우리나라는 독일의 '라인강의 기적'에 버금가는 '한강의 기적'을 이룩했다. 이것은 우연이 아니었다. 한강의 기적에는 철이 있었으며 우리나라는 이미 삼한시대의 변한과 금관가야가 철을 수출하던 철의 나라였다.

1968년, 모래바람이 휘날리던 포항 영일만에 철강으로 나라를 위한다는 '제철보국(製鐵報國)'을 기치로 포항종합제철[44] 건설이 시작되었다. 제철은 자동차, 조선, 건설업 등 중화학 공업에 반드시 필요한 산업이었다. 아무런 기반시설도 없는 나라에서 제철소를 건설하는 것은 그 누구도 믿기 어려운 신화를 창조하는 일이었다. 우여곡절 끝에 1973년에 준공된 이후, 우리나라는 매년 수천만 톤의 철강을 생산하는 제철 강국이 되었다. 영일만에서 시작된 포항종합제철은 중화학 공업의 상징이자 대한민국의 산업 발전을 이끈 원동력이었다.

🔬 녹을 잡아라!

생명체에 반드시 필요한 산소는 금속의 수명을 단축시키는 부식을 초래한다. 특히 철의 녹은 내부로 파고들어 산화철수화물 등을 형성하면서 떨어져 나가 철의 강도를 약화시킨다. 구리도 공기 중의 수증기나 이산화탄소에 의해 녹색이나 청색의 녹청(동록, $CuCO_3 \cdot Cu(OH)_2$)으로 부식된다. 반면에 알루미늄, 아연 등은 표면에 생긴 산화물 피막이 단단하게 결합되

---

44. 포항종합제철
2002년에 주식회사 포스코(POSCO, Pohang Iron and Steel Company)로 회사명이 변경되었다.

어 내부를 보호한다.

녹을 막기 위해서는 도장이나 도금으로 산소와의 접촉을 차단하거나 크롬 등을 첨가하여 스테인리스강처럼 합금을 만든다. 또는 철보다 반응성이 큰 아연을 연결하여 철보다 먼저 반응시키는 음극화 보호법 등을 사용한다. 예를 들어 가스관이나 기름 저장 탱크, 혹은 배의 밑바닥에 아연 덩어리를 연결하면 철이 녹슬기 전에 아연이 먼저 반응하면서 철로 된 관이나 탱크, 배를 보호하는 것이다.

🔵 황동과 백동

구리와 아연의 합금인 황동(놋쇠)은 가공이 쉽고 금과 색깔이 비슷해서 트럼펫이나 색소폰 등의 관악기에 사용되며, 이 악기들을 브라스 밴드 Brass Band라고 부르기도 한다. 이외에도 금색을 띠는 제품들은 대부분 황동으로 만들며, 황동의 항균성이 알려지면서 놋그릇이나 불판에 사용되기도 한다. 십 원 동전도 황동으로 만들었으나 제조 원가가 더 많이 들어 알루미늄에 구리를 덧씌운 새로운 동전을 주조했다.

구리와 니켈의 합금인 백동은 연성과 내식성이 뛰어나 은의 대용으로 화폐나 장신구 등에 사용된다. 백 원과 오백 원짜리 동전에 사용되는 백동은 10~30%의 니켈이 함유된 구리이다.

이처럼 구리는 청동, 황동, 백동으로 다양하게 응용된다. 명품 드라마에는 주연을 빛나게 만드는 명품 조연이 있는 것처럼, 구리 주연에는 29번 주석, 아연, 니켈과 같은 명품 조연이 있는 것이다. 그러나 조연이 영원히 조연의 역할로 끝나는 것은 아니었다.

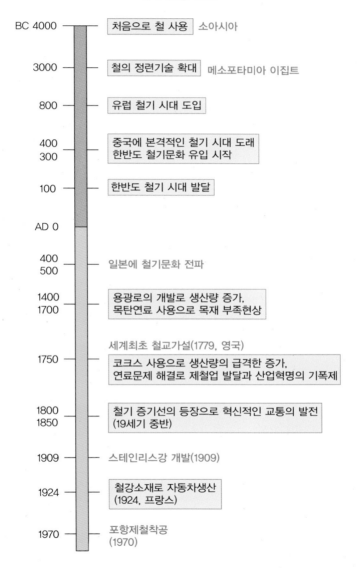

세계 철강 연표

BC 4000	처음으로 철 사용 소아시아
3000	철의 정련기술 확대 메소포타미아 이집트
800	유럽 철기 시대 도입
400 300	중국에 본격적인 철기 시대 도래 한반도 철기문화 유입 시작
100	한반도 철기 시대 발달
AD 0	
400 500	일본에 철기문화 전파
1400 1700	용광로의 개발로 생산량 증가, 목탄연료 사용으로 목재 부족현상
1750	세계최초 철교가설(1779, 영국) 코크스 사용으로 생산량의 급격한 증가, 연료문제 해결로 제철업 발달과 산업혁명의 기폭제
1800 1850	철기 증기선의 등장으로 혁신적인 교통의 발전 (19세기 중반)
1909	스테인리스강 개발(1909)
1924	철강소재로 자동차생산 (1924, 프랑스)
1970	포항제철착공 (1970)

14

내 사전에
불가능은?

Tin, $_{50}$*Sn*

1795년, 유럽 정복을 꿈꾸던 나폴레옹(1769~1821) 황제는 식량을 상하지 않게 전선으로 보급하는 문제에 부딪혔다. 어떻게 음식을 오랫동안 보관할까? 나폴레옹은 현상금을 내걸었고, 이를 차지한 사람은 아페르(1750~1841)였다. 그는 유리병에 넣은 식품을 뜨거운 상태에서 코르크로 밀봉한 병조림을 발명(1804년)했다. 그러나 병조림은 잘 깨지고 햇빛에 의해 식품이 변색되거나 상했다.

병조림에 자극을 받은 영국의 듀란드는 철을 50번 주석으로 처리한 양철 통조림 캔을 발명(1810년)했다. 양철 표면에 흠집이 생기면 철이 산화되면서 주석이 부식되지만, 통조림 안은 곯힐 염려가 없었다. 주석은 구리에서 철의 조연으로 변신한 것이다. 반면에 철보다 반응성이 큰 아연을 처리한 함석은 표면에 흠집이 생기면 아연이 산화되면서 철을 보호한다. 따라서 지붕처럼 노출된 곳은 함석을 사용한다. 1970년대 새마을 운동의 주요 사업 중 하나는 초가지붕을 함석지붕으로 개량하는 것이었다.

🔬 병든 주석

1812년, 나폴레옹은 50만 대군을 이끌고 러시아 원정에 나섰다. 프랑스군은 강력한 화력으로 7일 만에 모스크바를 점령했으나 도시는 텅 비어 있었다. 게다가 러시아의 쿠투조프(1745~1813)는 후퇴하면서 식량을 비롯한 모든 것을 태워 버리는 청야전술로 버텼다. 프랑스군은 개, 고양이, 말, 심지어는 가죽 장화와 혁대까지 먹으면서 철수를 시작했지만 혹독한 추위가 덮쳤다.

톨스토이(1828~1910)의 소설 '전쟁과 평화'의 배경이었던 러시아 원정에서 프랑스군의 패전은 러시아의 효과적인 후퇴작전과 게릴라전, 외국인 용병으로 인한 사기 저하 등이 있지만, 가장 큰 원인은 혹독한 추위였다. 나폴레옹은 러시아의 한파를 몰랐을까? 당시 프랑스군의 군복 단추는 주석으로 만들어졌다. 은색의 주석은 영하 30도 이하에서 부피가 늘어나면서 회색의 가루가 된다. 즉 '주석병'에 걸린다. 강추위에 단추마저 떨어져 나가면서 수많은 프랑스군은 굶주림과 추위에 죽어갔으며 생존자는 수만 명에 불과했던 것이다.

🔬 남극 탐험과 주석

프랑스군의 비극적인 운명은 탐험가 스콧(1868~1912) 일행에게도 찾아왔다. 극지 탐험의 시기였던 19세기 말부터 20세기 초에 많은 탐험가들은 경쟁적으로 북극과 남극 정복에 나섰다. 그들 중엔 스콧과 아문센(1872~1928)도 있었다.

1909년, 북극점을 향하려던 아문센은 피어리(1856~1920)의 북극점 정복 소식을 듣자, 남극으로 목표를 수정했다. 스콧과 그 일행도 역시 개인과 조국의 명예를 걸고 남극점으로 향했다. 대부분이 바다로 둘러싸여 있어 온도 변화가 작은 북극과는 달리 남극은 강수량은 적지만 온도가 낮기 때문에 눈이 거의 증발되지 않고 차곡차곡 쌓여서 평균 고도가 2,300 m인 두꺼운 얼음 층을 형성할 만큼 추웠다. 게다가 남극점은 대륙의 깊숙한 해발 2,800 m의 거대한 빙상 위에 있었으며, 가장 가까운 해안도 1,230 km나 떨어져 있었다.

1911년, 스콧 탐험대는 남극점으로 전진하면서 돌아오는 길에 사용할 식량과 연료를 곳곳에 묻어두었다. 그들은 가까스로 남극점에 도달했지만, 안타깝게도 이미 아문센 탐험대의 깃발이 꽂혀 있었다. 눈물을 삼키고 돌아서는 그들에게 설상가상으로 남극의 한파가 불어 닥쳤다. 그들은 사력을 다하여 식량과 연료를 저장한 곳에 도달했지만 연료는 비어 있었다. 어떻게 된 것일까? 남극의 강추위로 인해 석유통에 섞인 불순물 주석이 가루가 되면서 미세한 구멍이 생겨 연료가 새어 나간 것이었다. 결국 스콧 탐험대는 전원이 동사하고 말았다.

화면표시 장치

나폴레옹과 스콧에게 시련을 안긴 주석은 오늘날 정보통신 산업의 주연으로 거듭났다. 인듐이 첨가된 주석 산화물(ITO)이 유리에 코팅하는 전극으로 변신한 것이다. 액정 디스플레이(LCD) 장치는 두 개의 투명 ITO 전극 사이에 액정 고분자를 넣어 만든다. 즉, 액정 디스플레이 장치는 전기 신호에 따른 액정 고분자의 배열에 의해 백라이트 광원에서 나온 빛이 통과되는 정도가 달라지면서, 컬러 필터를 통과한 이 빛들이 합쳐져 총천연색 화면을 나타낸다.

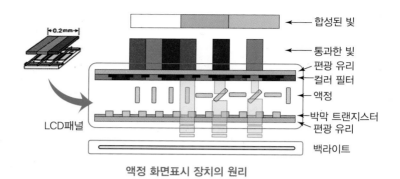

합성된 빛

통과한 빛

편광 유리

컬러 필터

액정

박막 트랜지스터

편광 유리

백라이트

LCD패널

액정 화면표시 장치의 원리

ITO 투명 전극은 디스플레이 장치를 넘어 마우스, 키보드와 같은 입력 장치가 필요 없는 터치스크린으로 진화하였다.

2007년 아이폰에 사용된 단순하면서 사용이 편리한 터치스크린은 작동 방식에 따라 저항막 방식(감압식)과 정전용량 방식(정전식)으로 나뉜다. 저항막 방식은 화면을 누르면 전도막이 서로 닿으면서 전류와 저항의 변화를 감지해 좌표를 인식하기 때문에 압력에 쉽게 변하는 플라스틱 패널을 사용한다. 정전식은 화면에 손을 대면 표면에 흐르는 전자가 사람의 몸으로 빠져나가면서 생긴 전류의 변화를 감지한다. 따라서 화면을 스치듯 만져도 입력이 가능하다. 둘의 차이점은 감압식은 누르지만, 정전식은 문지르는 방식이라는 점이다.

이외에도 초음파 방식은 화면을 누를 때 초음파가 손가락에 흡수되면서 초음파가 약해진 곳을 감지하고, 적외선 방식은 적외선이 장애물에 의해 차단되는 것을 활용한다. 이처럼 진화하는 디스플레이 장치 기술의 중심에는 50번 주석이 있었던 것이다.

그러나 인공지능 기술의 발달은 터치스크린을 넘어 음성인식 시대를 열고 있다. 최근 인공지능 스피커는 음성인식 기반의 인공지능 서비스로 음성 인식의 정확도는 95%가 넘는다. 인공지능이 대화의 맥락과 의도를 이해하기 위해 남은 것은 알고리즘의 개발과 빅데이터의 활용이다. 터치스크린도 신기한데, 인공지능이 우리의 마음을 읽고 스스로 입력한 명령을 수행하는 시대가 성큼 눈앞에 다가온 것이다.

• • • • •

입력 방식의 진화

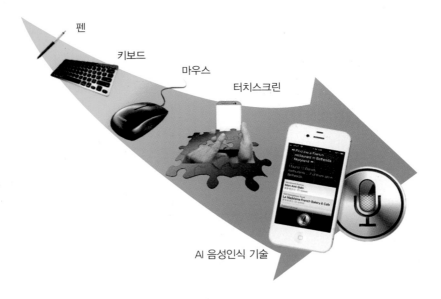

펜

키보드

마우스

터치스크린

AI 음성인식 기술

15

단두대의
이슬

Oxygen, 8O

인류의 역사를 청동기와 철기로 나눈 구리와 철, 그리고 이들을 빛나게 한 조연 주석.
이들이 가장 두려워한 원소는 공기의 21%를 차지하는 8번 산소였다. 산소는 생명체에
게 가장 중요한 원소였지만 금속과 주위의 물질을 무차별적으로 공격하는 탐욕스런 포
식자이기도 했다. 음식물의 부패와 인체의 노화도 산소와의 반응에 의한 것이다.

산소는 탈 물질, 발화점 이상의 온도와 함께 연소의 세 가지 조건 중 하나이다. 불씨가
귀했던 옛날, 어머니의 하루는 화로의 불씨를 살피는 것으로 시작되었다. 화롯불을 꺼
뜨리면 게으르다고 불호령이 떨어졌다. 불씨를 나누어주면 살림이 새어 나간다고 잘
나누어주지도 않았다.

이러한 연소에서 산소의 역할을 이해하면서 근대 화학은 시작되었다. 산소를 최초로
발견한 셸레, 가장 먼저 발표한 프리스틀리, 그 의미를 밝힌 라부아지에! 한 사람에게
만 노벨상을 수여한다면 누가 받을까?

﴾ 플로지스톤설

'불난 데 부채질한다'는 화난 사람을 더 화나게 만든다는 속담이다. 부채질로 공기가 공급되어 불이 더 크게 번지기 때문이다. 그런데 촛불은 왜 꺼질까? 양초는 녹은 촛농이 심지를 타고 올라가서 기화된 후 연소된다. 바람이 이 연료를 순간적으로 날리기 때문에 촛불은 꺼진다.

연소란 무엇일까? 근대 화학이 발달하기 이전에 불타는 과정의 변화에 대해 슈탈(1660~1734)은 '모든 가연성 물질은 탈 때, 그 안에서 플로지스톤이 빠져나가고 재만 남아 가벼워진다'는 '플로지스톤설'을 주장했다. 사람이 죽으면 몸이 차가워지는 것도 플로지스톤으로 된 혼이 몸에서 빠져나갔기 때문이라고 생각했다.

그러나 이것은 연소를 잘 설명하는 것 같았지만 철이나 마그네슘 등의 금속을 태울때 무게가 증가하는 현상을 설명하지 못했다. 왜 그럴까? 그들은 금속에서 빠져나간 플로지스톤은 음의 무게를 갖는다고 주장했다. 마지막 연금술사이자 최초의 화학자로 불리는 보일(1627~1691)도 미세한 불 입자가 금속과 결합하여 무게가 증가하는 것으로 생각했다. 금속의 연소를 어떻게 설명할 수 있을까?

﴾ O-X-Y-G-E-N

연소 현상을 체계적으로 이해한 사람은 근대 화학의 아버지, 라부아지에(1743~1794)였다. 그는 밀폐 용기 안에서 금속을 태우면 무게 변화가 없지만, 뚜껑을 열면 무게가 증가하며, 이 무게는 공기 중에서 태울 때 증가한 양과 같다는 것을 알아냈다. 즉, 밀폐 용기에서 공기 중 일부가 금속과 반응해서 압력이 낮아지고 뚜껑을 열면 외부에서 안으로 공기가 들어가기 때문에 무게가 증가한 것이었다. 금속과 반응한 것은 무엇일까?

고민하던 그는 프리스틀리[45](1733~1804)로부터 호흡에 도움을 주는 생명의 공기vital air에 대한 실험을 들었다. 프리스틀리는 산화수은의 연소 과정에서 산화수은이 공기 중의 플로지스톤을 흡수하면서 수은이 생긴 것으로 이해했다. 이 때 플로지스톤이 부족해진 공기 즉 생명의 공기는 양초의 연소에서 발생하는 플로지스톤을 잘 받아들여 연소를 돕는다는 것이었다.

그렇다면 플로지스톤을 흡수한 수은을 태우면 플로지스톤이 나와야 했다. 라부아지에가 백조목 플라스크에 수은을 넣고 가열하자 수은이 적색으로 변했고 오히려 내부의 압력이 낮아졌다. 수은에서 플로지스톤이 빠져나온 것이 아니라 공기의 일부가 수은과 반응한 것이다. 마침내 그는 황과 나무 등을 연소시켜 얻은 생성물들을 물에 녹이면 산성 용액이 되는 것으로부터, 공기 중에는 산(Oxy)을 만드는(gen) 원소인 '산소(O-X-Y-G-E-N)'가 있어 연소 과정에서 물질과 반응한다는 연소론을 주장하였다.

산소의 역할은 몰랐지만 산소를 처음 발견한 사람은 셸레(1742~1786)였다. 1773년, 그는 진한 황산과 이산화망간을 반응시켜 얻은 공기를 '불의 공기fired air'라 불렀다. 그의 연구는 1777년에 책으로 출간되었으나 이미 1774년에 프리스틀리가 '생명의 공기'를 발표한 후였다. 그들은 산소의 화학적 의미를 모른 채 4원소설의 연장선상에서 산소를 공기의 한 종류로 설명한 것이었다. 반면에 라부아지에는 공기가 산소와 질소의 혼합물이라는 것과, 연소 과정을 정확히 이해하고 있었다. 그렇다면 최초로 산소를 발견한 사람은 누구일까?

---

45. 프리스틀리
미국 화학협회에서는 화학 분야 발전에 기여한 화학자에게 프리스틀리 메달(Priestly Medal)을 수여하고 있다.

🔗 술통에 빠진 목사님

1771년, 신학자이자 화학자였던 프리스틀리는 식물이 있으면 밀폐된 용기에서도 양초가 계속 연소되는 것을 발견했다. 식물은 연소 과정에서 생기는 이산화탄소를 흡수하고 산소를 내보내기 때문이었다.

프리스틀리는 새로운 사업을 구상했다. 당시 뱃사람들은 오랜 항해로 잇몸이 붓고 피가 나며, 심하면 죽음에 이르는 괴혈병에 시달렸다. 괴혈병은 신선한 채소에 함유된 비타민 C 섭취 부족으로 인한 병이었지만, 당시에는 채소가 흡수하는 이산화탄소가 부족했기 때문이라고 생각했다. 이로 인해 이산화탄소가 많이 녹아있는 독일의 피어몬트 광천수가 괴혈병 특효약으로 많이 팔리기도 했다.

어떻게 이산화탄소를 모을까? 양조장 근처에 살았던 프리스틀리는 곡물의 발효에서 생긴 이산화탄소가 공기보다 무거운 것을 알았다. 그는 술통 밖으로 넘쳐 나오는 이산화탄소를 컵에 받아 물을 부어 녹인 후, 이 물을 이산화탄소를 모은 다른 컵에 붓는 과정을 반복해서 이산화탄소를 포화시켰다. 이 괴혈병 치료제는 당연히 효과는 없었다. 하지만 여기에 향료를 첨가한 소다수가 사람들의 입맛을 사로잡으면서 오늘날 탄산음료로 변신하게 된 것이었다.

🔗 화학원론

1783년, 라부아지에는 연소 과정에서 산소의 역할을 포함한 연소론을 '화학원론'에 발표하였다. 이로써 연소에서의 무게 변화를 설명할 수 있게 되었다. 나무는 산소와 반응하여 생긴 이산화탄소와 수증기가 기체로 날아가 무게가 감소하지만, 금속은 산화물을 형성하여 무게가 증가한다. 연소란 공기 중의 산소가 물질과 반응하여 빛과 열을 내는 현상으로 생성물에 따라 무게가 다른 것이었다.

뉴턴(1643~1727)의 '프린키피아'에 버금가는 '화학원론'에서 라부아지에는 화합물들을 이름만으로도 조성을 알 수 있게 체계적으로 정리하였다. 고정 공기 대신에 명명된 산화탄소는 산소와 탄소의 화합물이었다. 이로써 물질의 변화를 원자들의 결합으로 설명하는 근대 화학이 시작되었다. 위대했지만 외로웠던 라부아지에의 동반자는 14살 연하의 아내 마리였다. 그녀는 동료이자 실험 준비와 정리를 맡은 충실한 연구원이었다. 그녀는 라부아지에의 실험 장면과 기구들을 사실적인 그림으로 묘사했고 그는 이를 토대로 '화학원론'을 출간했던 것이다.

🔬 물질이란?

라부아지에 이전의 물질론은 '물질은 쪼개다 보면 언젠가는 사라진다'는 아리스토텔레스의 연속설과 '물질은 더 이상 쪼갤 수 없는 입자로 구성된다'는 데모크리토스의 입자설이 있었다. 라부아지에가 발견한 질량 보존의 법칙은 물질이란 생성되거나 소멸되지 않는 입자들로 구성되었다는 증거였다.

이후 돌턴(1766~1844)은 '두 원소가 둘 이상의 화합물을 만들 때, 한 원소와 결합하는 다른 원소의 질량비는 간단한 정수이다'는 '배수 비례 법칙'을, 프루스트(1871~1922)는 '화합물을 얻는 방법에 관계없이 화합물을 구성하는 원소들의 질량비는 항상 일정하다'는 '일정 성분비 법칙'을 발견했다. 이러한 법칙들을 어떻게 설명할까? 물질의 실체인 원자가 모습을 드러내려는 순간, 역사는 더 이상 라부아지에를 기다려 주지 않았다.

🦠 단두대의 이슬

루이 14세(1638~1715)의 베르사유 궁전 건축과 왕실의 과도한 지출, 루이 16세(1754~1793)의 미국 독립 전쟁(1775~1783)에 대한 무리한 지원으로 프랑스는 파산 직전이었다. 국고를 채우기 위한 과중한 세금으로 시민들의 불만은 독이 오른 복어처럼 극에 달했다. 게다가 아이슬란드 화산 대폭발(1783년)로 인한 기상이변으로 유럽은 기근에 시달렸다. 1789년 7월 14일, 파리 시민들이 바스티유 감옥을 습격하면서 프랑스 대혁명[46]은 막이 올랐다.

혁명의 불길은 라부아지에마저 집어 삼키고 말았다. 세금 징수 조합원이었던 그는 조합이 세금을 불법 징수하는 과정에 연루되어 체포되었다. 동료 과학자들은 그가 진행 중인 실험을 마칠 수 있도록 판결 연기를 청원했으나 혁명 정부는 "공화국은 과학자를 필요로 하지 않는다."며 그를 단두대에서 처형하고 말았다. 수학자 라그랑주(1736~1813)는 "라부아지에의 머리를 베는 것은 순간이지만, 그와 같은 두뇌를 만들려면 100년도 더 걸릴 것이다."며 탄식했지만, 역사를 되돌릴 수는 없었다.

🦠 라부아지에와 돌턴

아리스토텔레스(BC 384~322)는 엠페도클레스의 '4원소설'을 받아들여 물, 불, 공기, 흙은 온도와 습도에 따라 변환된다는 '4원소 변환설'을 주장했다. 따뜻하고 건조한 불이 꺼지면, 차갑고 건조한 흙인 재가 되고, 차갑고 습한 물을 가열하면 따뜻하고 습한 공기로 날아가고, 일부는 차갑고 건조한 흙이 된다는 것이었다.

---

46. 프랑스 대혁명
영국의 시민혁명, 미국의 독립혁명과 함께 세계 3대 시민혁명으로 불린다.

연금술의 뿌리였던 4원소 변환설은 오랫동안 불변의 진리였다. 그러나 라부아지에는 정량적 도구인 '저울'로 무장하고 있었다. 그는 펠리칸 증류기로 물을 순환시키면서 100일 동안 가열한 후 바닥에 생긴 고체와 용기의 무게를 측정했다. 그 결과 고체는 물이 변환된 것이 아니라 용기의 일부가 떨어진 것임을 증명하여 4원소 변환설에 맞섰다. 실험실 모퉁이에 조용히 자리를 잡고 있는 저울은 근대 화학의 시작을 알리는 전령사였던 것이다.

라부아지에의 빈자리를 채운 사람은 돌턴이었다. 1803년, 돌턴은 기체들의 경험법칙을 설명하기 위하여 물질은 더 이상 쪼갤 수 없는 원자로 구성되며, 같은 원소의 원자들은 동일하다는 원자론을 발표하였다. 이후 '기체 반응 법칙'을 설명하기 위하여 아보가드로(1776~1856)의 분자설이 제안되었다. 계속해서 원자의 정체를 밝히기 위한 긴 여정에 나선 과학자들은 전자, 원자핵, 양성자, 중성자 등을 차례로 발견했다. 21세기 과학의 르네상스 시대가 활짝 열린 것이다. 산소의 발견은 현대과학의 시발점인 원자의 발견과 맞닿아 있었던 것이다.

· · · · ·

근대 화학 여명기의 산소 삼총사

셀레, 라부아지에, 프리스틀리

16

화장과
변장

Lead, $_{82}Pb$

8번 산소에게 화학의 무대를 내준 연금술은 단순히 82번 납을 금으로 바꾸는 것은 아니었다. 연금술은 그 과정을 통해 불완전한 인간을 고귀하고 완벽한 영혼으로 정화시키는 종교적인 수행도 포함했으며 증류, 정제, 화학 약품 및 다양한 실험 도구의 발명을 낳은 화학의 마중물이었다.

지금은 수은과 함께 중금속의 대명사가 되고 말았지만, 영국의 황금기를 이끈 철의 여왕 엘리자베스 1세(1533~1603)가 사랑한 것은 얼굴의 천연두와 거친 피부를 하얗게 가려주는 납이 든 '베니스 분'이었다. 납은 얼굴색을 푸르게 만들었고 괴질이 발생했으나 미에 대한 유혹을 뿌리치기는 쉽지 않았다.

흥미롭게도 연필(鉛筆)의 연(鉛)은 종이에 문지르면 연회색을 나타내는 납을 필기구에 사용했기 때문에 연금술의 연을 뜻하는 납이다. 연필심의 흑연은 납을 대신하는 검은 납이라는 뜻이다. 연금술사와 함께 했던 납은 화장품, 이차전지, 땜납, 유리, 총탄, 방사선 차폐제, 페인트, 물감 등에 널리 사용되는 금속이었다.

✦ 미의 유혹

1920년, 박승직(1864~1950)의 부인은 하얀 쌀가루, 활석, 백토나 분꽃씨 가루를 얼굴에 잘 붙게 하는 납 분을 섞은 최초의 화장품 '박가분(朴家粉)'을 만들었다. 납 분은 납을 식초와 가열해서 생긴 결정을 가루로 만든 것이었다. 박가분은 대박 상품이었다. 전국의 방물장수들이 몰려들었고, 날개 돋친 듯이 팔려 나갔다. 1930년대에는 일제인 왜분, 중국제인 청분과 서가분, 장가분의 짝퉁도 등장하였다. 그러나 문제는 납이었다. 박가분을 많이 사용한 기생들의 얼굴색은 푸르게 변했고 살은 썩어들어 갔으며 정신착란으로 자살까지 시도하는 경우가 생겼다. 곧 박가분은 시장에서 퇴출되었다.

중일전쟁(1937년)과 태평양 전쟁(1941년)이 발발하자 모든 물자가 부족해졌다. 글리세린의 부족으로 화장품뿐만 아니라 화장품 용기조차 없어 화장품을 나누어 파는 분매가 유행했다. 특히 아코디언 연주와 북을 치면서 크림을 파는 러시아 행상의 모습은 진풍경이었다. 곧이어 너도나도 할 것 없이 많은 행상들이 큰 통을 지고 다니면서 '둥둥' 북을 쳐 관심을 끈 후 "구리무"하고 외쳤다. '동동구리무'는 크림이었던 것이다.

✦ 마스카라

신체의 약점을 보완하고 아름다움을 강조하는 화장[47], 코스메틱은 우주라는 뜻의 코스모스와 어원이 같다. 그러나 코스메틱에는 자신을 가꾸

---

47. 화장
화장의 정도에 따라 얼굴 화장을 야용, 몸까지 하면 몸단장, 장신구까지 치장하면 장식, 옷까지 화사하게 차리면 성장이라고 하였다.

는 것은 남에게 보이기 위한 것을 넘어선 우주의 명령의 의미가 있다.

화장품 중에서 매력적인 속눈썹과 눈매를 만드는 마스카라는 '가면' 혹은 '변장'이라는 스페인어에서 유래한다. 1913년, 자신의 눈이 못생겼다며 남자 친구에게 채였다고 자책하는 동생 메이블에게 오빠 윌리엄스는 바셀린에 숯가루를 섞어 주었다. 이것을 바른 메이블의 눈은 아름답게 변했고 남자 친구와 결혼에 성공했다. 윌리엄스는 이를 계기로 메이블과 바셀린의 이름을 딴 마스카라 회사, '메이블린(1915년)'을 세웠다. 여성의 눈을 번쩍 뜨게 만든 마스카라의 화려한 변장이 시작된 것이다.

클레오파트라

화장은 고대로부터 질병 예방과 종교적인 목적에서 시작하였으나, 차츰 자신의 종족이나 지위, 아름다움을 추구하기 위하여 사용되었다. 특히 이집트인들은 녹색과 청색 안료로 눈을 강조하여 눈가 위로 직선을 길게 그렸으며, 눈꺼풀과 속눈썹에 황화안티몬이 원료인 검은색 콜 가루를 진하게 발랐다. 51번 안티몬은 눈물샘을 자극해 건조한 사막에서 생기는 눈의 염증을 예방했고, 햇빛을 흡수하여 눈부심을 줄일 수 있었다.

화장은 클레오파트라(BC 69~BC 30) 시대에 최고조에 달했다. 파스칼(1623~1662)이 '팡세(수상록)'에서 '클레오파트라의 코가 조금만 낮았더라면'으로 표현한 그녀의 미모를 돋보이게 했던 화장법은 이집트를 정복한 시저(BC 100~BC 44)와 안토니우스(BC 83~BC 30)에 의해 유럽으로 전파되었다. 이후 11세기 말부터 시작된 8차례에 걸친 십자군 전쟁에서 귀향하는 병사들의 선물 1순위는 연인을 위한 콜이었다. 이러한 눈 화장품을 윌리엄스가 마스카라로 개발한 것이었다.

🔬 로마 제국의 멸망

'모든 길은 로마로 통한다'는 대로마 제국! 그 멸망 원인으로 노예제 대농장의 비효율성, 기독교의 전래, 노예 공급의 중단으로 인한 경제 불황, 군인 정신의 쇠퇴, 국가 기구의 비대화 및 과도한 세금 등이 제기되었으며 여기에 납 중독설이 추가되었다.

1965년, 길피란(1889~1987)의 주장에 의하면 로마는 음식 조리기구를 비롯하여 수도관과 물 단지, 화장품, 염료 등에도 납을 사용했다. 특히 포도즙을 납 단지에서 끓여서 만든 감미료 '사파'는 아세트산납이 주성분인 납 설탕이었다. 결국 서서히 체내로 흡수된 납은 칼슘 대신에 뼈에 쌓여 변비, 식욕 감퇴, 수족 마비, 불임, 유산 등을 유발하면서 로마는 높은 사망률과 낮은 출생률로 멸망했다는 것이다. 실제로 로마인들의 유해에는 정상인보다 훨씬 더 많은 납이 검출되기도 하였다.

🔬 테트라에틸납

화장품으로 아름다움과 함께 고통을 주고, 사파의 단맛으로 로마를 멸망에 이르게 했던 납! 이러한 납은 최근까지도 심각한 문제를 야기했다. 무엇 때문일까?

자동차가 증가하면서 휘발유 사용량은 폭발적으로 증가했다. 그런데 연료가 실린더에서 빨리 점화될 때 소리가 나는 노킹 현상은 엔진에 손상을 주고 연료의 효율을 떨어뜨렸다. 휘발유 성분 중에 자연 발화가 쉬운 노말헵탄(C_7H_{16})이 많을수록 노킹은 심하게 발생했다.

어떻게 노킹을 막을까? 1921년, 미즐리(1889~1944)는 테트라에틸납을 첨가한 유연 휘발유를 개발하여 노킹을 해결하였다. 그러나, 배기가스와 함께 배출된 납은 대기를 오염시켰고 유연 휘발유 공장의 노동자는 납중독으로 고통을 받거나 사망하기 시작했다. 미의회 보고서에 따르면 1927년부터 60년 동안 미국에서만 어린이 약 6,800만 명이 납으로 건강을 해쳤고, 매년 5,000명씩 납중독으로 목숨을 잃었다.

납의 위험성을 발견한 사람은 패터슨(1922-1995)이었다. 그는 지구의 나이에 대한 연구를 하던 중, 그린란드에서 얻은 빙상에서 대기 중의 납 농도는 유연 휘발유가 사용되면서 증가하기 시작한 것을 발견했다. 1965년부터 그는 납 오염 반대 운동을 시작했으며, 지금은 테트라에틸납 대신에 MTBE(메틸 t-부틸 에테르) 첨가제를 사용하고 있다. 오늘날 휘발유는 당연히 무연 휘발유임에도 '무연'을 표기하여 납이 없음을 강조한다. 그러나 자동차의 증가로 인한 대기오염은 납에 의한 것만은 아니었다.

🔬 미즐리와 하버

1921년 노킹 방지제 테트라에틸납을 '에틸'이라는 휘발유 첨가제로 팔았던 미즐리의 또 다른 발명품은 프레온 가스였다. '꿈의 냉매'라는 프레온 가스는 전 세계에 냉장고 붐을 일으켰고, 단열재, 분사제로 인기를 끌었다. 그러나 수십 년 후 프레온 가스는 오존층 파괴의 주범으로 밝혀졌다. 안타깝게도 미즐리가 발명한 유연 휘발유와 프레온 가스는 지구와 인류에게 엄청난 상처를 남긴 것이다. 51세에 척수성 소아마비를 앓던 그는 자신이 고안한 침대에서 밧줄과 도르래 장치에 얽혀 목숨을 잃고 말았다. 미즐리가 공기로 빵을 만들었지만 염소 독가스의 개발로 두 얼굴의 과학자라 불린 하버와 함께 최악의 과학자라 불리는 것은 우리 모두에게는 지구의 미래에 대한 책임이 있기 때문인 것이다.

117

동그라미
혁명

Sulfur, 16S

현대 기술문명의 상징인 자동차로 인한 심각한 문제 중 하나는 배출가스로 인한 대기오염이다. 노킹을 막기위한 테트라에틸납으로 인한 대기오염은 대체 첨가제로 감소되었지만, 화석연료의 연소에 의한 대기오염은 사용량을 줄이거나 효율적인 촉매로 유해 가스를 분해해야 한다.

화석연료에 포함된 대표적인 대기오염 물질은 16번 황이며, 가솔린 연소에서 생기는 이산화황과 산화질소는 산성비의 원인이 된다. 또한 자동차 시대를 활짝 연 가황고무 타이어는 자동차의 폭발적인 증가와 함께 더 큰 대기오염을 야기했다. 반면에 매년 2억톤 이상이 생산되는 황산은 비료, 화학 약품, 납축전지 등 다양한 산업에 사용되며 한 나라의 산업 경제의 가늠자 역할을 하는 중요한 화합물이다.

불과 함께 소돔과 고모라를 심판했던 유황은 우리 삶과 어떤 관계를 맺고 있을까?

⚛ 타이어

바퀴는 러버 휠(고무 바퀴)로 불리다가 '피곤하다'라는 뜻의 타이어^{tire}로 이름이 바뀌었다. 사람의 발처럼 바퀴가 자동차의 모든 하중을 떠받치기 때문이었다.

물레에 사용된 바퀴는 BC 2,500년경부터 수레에 적용되었다. 이 바퀴들은 원반 모양의 통나무나 몇 개의 널판을 원형으로 깎아 구리로 테를 두른 형태였다. BC 2,000년경에 철기 문명을 이룩한 히타이트는 바퀴살 바퀴를 사용했다. 직선운동을 동력에 의해 회전운동으로 전환하는 축과 연결된 바퀴는 미끄럼 마찰을 굴림 마찰로 바꿔준다. 바퀴는 이동할 때의 저항을 감소시키면서 인류 문명을 미끄러지듯이 전 세계로 신속하게 전파시켰다. 가곡 '산천'의 '달구지 가는 소리는~'의 가사처럼 달구지 소리는 우리에게 익숙한 바퀴 소리였다.

마찰

바닥에 정지한 물체와 지면 사이에는 정지 마찰력이, 운동하는 물체와는 운동 마찰력이 작용한다. 운동 마찰력은 물체의 면을 따라 미끄러지는 미끄럼 마찰과 구르는 굴림 마찰이 있는데, 마찰력이 작은 굴림 마찰력을 이용하면 물체를 쉽게 이동시킬 수 있다.

⚛ 굿이어

이어서 나무 바퀴 테두리를 가죽이나 금속 등으로 씌우거나 쇠 바퀴 테두리에 생고무를 붙인 바퀴를 사용했다. 그러나 이 바퀴들은 바닥의 충격을 그대로 몸으로 전달했다. 어떻게 충격을 완화시킬까?

15세기 말, 콜럼버스(1451~1506)에 의해 유럽에 전파된 천연고무, 라텍스는 서인도 제도 원주민들이 신발, 항아리, 옷감의 방수용이나 덩어리로 건조시켜 공으로 사용하던 재료였다. 이 라텍스를 바퀴에 사용할 수 없을까? 그러나 지우개로도 사용하고 있던 라텍스는 더우면 껌처럼 끈적거리고 추우면 유리처럼 쉽게 부서졌다.

라텍스의 단점을 어떻게 해결할까? 1839년, 굿이어(1800~1860)는 황과 라텍스가 섞인 것을 실수로 뜨거운 난로 위에 엎지르고 말았다. 이를 떼어 내던 중 그는 라텍스가 끈적거리거나 부서지지 않고 길게 늘어나는 것을 발견했다. 바퀴의 충격을 흡수할 수 있는 탄성을 가진 가황고무[48]가 합성된 것이었다. 후에 그의 아들이 타이어 회사를 설립하면서 '굿이어'는 타이어의 대명사가 되었다.

라텍스처럼 기다란 고분자 사슬로 이루어진 물질은 사슬 간의 힘이 약해서 잘 늘어나지만 쉽게 부서진다. 여기에 첨가된 황의 역할은 사슬과 사슬을 사다리처럼 서로 연결하여 라텍스가 부서지지 않고 탄성을 갖도록 만드는 것이다. 황이 많이 첨가되면 에보나이트처럼 사슬들이 촘촘하게 결합된 단단한 경질 고무가 된다.

🐾 던롭 타이어

던롭(1840~1921)이 공기압 타이어를 발명한 것은 아들을 사랑하는 부모의 마음이었다.

쇠를 씌운 나무 바퀴 자전거를 타던 아들이 작은 돌멩이에 걸려 넘어지면

---

48. 가황고무
천연고무는 인도네시아와 말레이시아 등에서 90% 이상 생산된다. 대표적인 가황고무는 타이어, 비가황고무는 고무찰흙이다.

서 다치자, 상처를 치료하던 던롭은 '고무'를 떠올렸다. 그는 나무 바퀴에 고무를 씌웠으나 여전히 불편했다. 1888년, 그는 공 안의 공기가 충격을 흡수한다는 것에 착안하여 고무 튜브에 공기를 채운 공기압 타이어를 발명했다. 자전거와 함께 공기압 타이어는 날개 돋친 듯이 팔려 나갔다.

1895년, 앙드레 미슐랭(1853~1931)과 에두아르 미슐랭(1859~1940) 형제가 분리할 수 있는 공기압 타이어를 자동차 경주에 사용하면서 그 명성은 최고조에 달하였다. 이후 공기압 타이어는 모든 바퀴에 장착되었고 '던롭'과 '미슐랭'은 세계적인 타이어 회사로 성장하였다.

다양한 합성고무의 발명으로 고무 튜브 없이 공기를 주입할 수 있는 타이어도 개발되었다. 이 타이어는 튜브가 없어 가볍고 못에 찔려도 공기가 천천히 새어 나와 안정적이었다. 이외에도 공기 대신에 그물 말이 충격을 흡수하는 그물 말 타이어, 펑크가 나더라도 바퀴의 형태를 유지시켜 일정한 거리를 주행할 수 있도록 타이어 내부에 강화 사이드 월이 들어 있는 런 플랫 타이어 등이 개발되었다.

런 플랫 타이어와 그물 말 타이어

🔗 황과 파머

가황고무에 사용된 '노랗다'는 뜻을 지닌 황(黃)은 순수한 형태나 황화물로 발견된다. 발화점이 190도인 황은 화약의 조연제로 사용된다. 황의 영어 표현인 Sulfur는 '불의 근원'이라는 라틴어에서 유래한다. 황이 먼저 발화되면서 생긴 열에 의해 숯이 연소되면서 방출한 연소 가스의 압력에 의해서 총알 등이 발사된다.

가황과 비슷한 반응은 파마 과정에서도 일어난다. 머리카락의 케라틴 단백질 사슬들은 -S-S- 결합으로 연결된 시스틴 분자가 약 15%를 차지한다. 즉, 파마는 이들의 산화-환원 반응을 이용한다. 먼저 환원제인 파마 약[49]으로 -S-S- 결합을 두 개의 -S-H 결합으로 끊는다. 그 후 머리카락을 플라스틱 봉으로 고정시켜 과산화수소[50]로 처리하면 새로운 형태의 -S-S- 결합이 생기게 된다. 고수머리는 머리카락을 곧게 편 후 산화제로 처리한다.

화학반응은 실험실 비커뿐만 아니라 우리의 머리 위에서도 뽀글뽀글 일어나고 있는 것이다.

⚛ 환경의 적, 황

자동차 산업의 비약적인 발전으로 화석연료의 사용량이 증가하면서 황의 연소로 인해 생긴 이산화황 등에 의한 산성비[51]는 심각한 환경문제를 가져왔다. 또한 가황 과정에서 첨가된 황을 포함한 타이어가 마모되면서 미세먼지도 대량 발생하였다. 공기압 타이어로 자동차 문명을 활짝 꽃피

---

49. 파마 약
수소를 제공하는 약염기성인 티오글리콜산암모늄($HSCH_2CO_2NH_4$) 수용액

50. 과산화수소
산화제이지만, 미용에서는 중화제라 부른다.

51. 산성비
물을 공기 중에 오래 두면 공기 중의 이산화탄소에 의해 pH가 낮아지는데 pH가 5.6 이하인 비를 산성비라 한다.

운 황이 환경오염의 주범으로 변신하고 있는 것이다.

토양이 산성화되면 토양 내 미생물이 죽고, 칼슘, 마그네슘, 칼륨 이온 등은 씻겨 나가며, 토양 속의 점토 입자들을 둘러싼 이온들이 산성비에 의해 씻겨나가 삼림과 토양이 황폐화되고 농산물 수확량이 감소된다. 동물도 산에 의해 점막이 손상되며, 문화재나 철제 구조물도 부식되어 큰 피해가 발생한다.

🧬 대통령이 된 화학자

1910년, 인조고무를 합성하던 바이츠만(1874~1952)은 우연히 설탕을 알코올과 아세톤으로 바꾸는 박테리아를 발견하였다. 이전에 밀폐 용기에서 나무를 태울 때 생긴 증기에서 생산되는 아세톤의 양은 매우 적었다. 그러나 당시 아세톤의 용도는 제한적이어서 큰 관심을 끌지 못했다.

제1차 세계대전이 발발하자 연합군은 화약의 원료인 니트로셀룰로오스를 녹일 수 있는 많은 양의 아세톤이 필요했다. 바이츠만은 영국의 요청으로 곡물에서 추출한 녹말로 아세톤을 대량 생산했고 연합군은 충분한 화약을 확보할 수 있었다.

전후, 영국 수상 로이드(1904~1978)는 바이츠만의 공로에 보답하려 했다. 유대인이었던 그는 팔레스타인 지역에 독립국가 건설 지원을 요청했고, 줄기찬 노력 끝에 이스라엘이 건국(1948년)되었다. 그는 초대 이스라엘 대통령이 되었다. 매니큐어 리무버로 친숙한 아세톤은 2,000년 동안 나라 없이 떠돌던 유대인들의 꿈인 이스라엘을 일으킨 화합물이자, 바이츠만을 초대 대통령으로 이끈 화합물인 것이다.

1952년, 바이츠만이 사망하자 이스라엘 국회는 제2대 대통령으로 아인슈타인(1879~1955)을 추대했지만, 그는 "인간을 다룰 만한 타고난 능력도 경험도 없다. 정치는 그냥 나의 친구이며 물리학보다 어렵다. 그리고 대통령을 할 만한 인물은 많으나 물리학을 가르칠 학자는 그리 많지 않다."며 사양하였다. 제1대 대통령 화학자 바이츠만에 이어, 제2대 대통령이 될 뻔했던 물리학자 아인슈타인! 이스라엘에서나 가능한 일이었다.

가황고무의 우연한 발견처럼 우연히 발견된 테플론은 제2차 세계대전을 연합군의 승리로 이끈 고분자였다. 테플론의 발견과 그 역할은 무엇이었을까?

• • • • •

바퀴의 역사

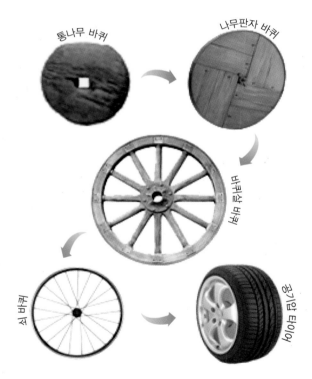

통나무 바퀴

나무판자 바퀴

바퀴살 바퀴

살 바퀴

공기압 타이어

18

꼬마와
뚱보

Uranium, $_{92}U$

천연고무, 라텍스가 실용성 있는 고분자로 탈바꿈한 이후 우리는 페트병을 비롯한 각종 고분자로 가득 찬 세상에 살고 있다.

그 중, 제2차 세계대전을 연합군의 승리로 이끈 고분자 삼총사는 저밀도 폴리에틸렌 (LDPE), 합성고무(SBR), 테플론(PTFE)이었다. 특히, 음식물이 달라붙지 않도록 프라이팬 등에 사용되는 테플론은 원자폭탄의 핵심 원소 92번 우라늄을 농축시킨 고분자였다. 원자폭탄 개발 과정에서 테플론의 역할은 무엇이었을까?

키다리와 땅딸이, 홀쭉이와 뚱뚱이는 마르고 키 큰 사람과 뚱뚱하고 키 작은 사람의 조합이다. 1945년, 연합군이 개발 중인 우라늄과 플루토늄 원자폭탄의 암호명은 꼬마 (Little Boy)와 뚱보(Fat Man)였다. 히로시마와 나가사키에 투하된 이들의 무게와 길이는 비슷했지만 뚱보는 꼬마보다 두 배 정도 통통했다.

🧬 판도라의 상자

　일본의 태평양 전쟁(1941~1945)으로 미국을 비롯한 연합군은 군용차 타이어 제조 등에 필요한 천연고무의 공급에 어려움을 겪게 되었다. 이에 미국이 스티렌-부타디엔 합성고무(SBR) 생산과 함께, 독일의 합성고무 공장을 폭격하면서 연합군은 승기를 잡기 시작했다.

　1789년, 클라프로트(1743~1817)는 새로 발견한 원소를 천왕성, 우라노스 Uranus에 착안하여 우란Uran이라 불렀다. 헤시오도스의 '신통기'에서 태초의 카오스에서 탄생한 가이아는 우라노스를 낳았다. 선견지명이었을까? 우라늄은 하늘신 우라노스가 인류의 지성과 양심을 시험하는 양날의 검이었다.

　제2차 세계대전을 연합군의 승리로 이끈 것은 92번 우라늄이었다. 원자보다 작은 입자들의 발견으로 원자의 실체가 드러나면서 우라늄 속에 감추어진 판도라의 상자가 열리기 시작했다.

🧬 열쇠, 중성자

　판도라의 상자를 열 수 있는 열쇠는 무엇일까? 원자의 원자핵에서 양성자가 발견되었지만, 전체 질량의 50%에 불과했다. 원자핵은 양성자 외에 다른 입자를 품고 있었다. 1930년, 보테(1891~1957)는 폴로늄에서 나온 알파 입자를 베릴륨 판에 통과시킬 때 생긴 방사선이 납을 통과하는 것을 발견했다. 이 방사선은 파라핀처럼 수소가 많은 물질을 통과시키면 오히려 그 세기가 증가했다. 이 선이 감마선이었다면 감소해야 했다.

　1932년, 채드윅(1891~1974)은 이 방사선에서 감마선과 함께 양성자와 질량이 비슷한 입자를 발견했다. 전기적으로 중성인 이 입자는 양전하를 띤 원자핵과 충돌시켜 핵을 분열시킬 수 있는 첫 번째 열쇠, 중성자였다.

핵분열

처음에 중성자가 이용된 것은 핵분열이 아니라 핵융합이었다. 과학자들은 우라늄보다 더 무거운 초우라늄 원소를 만들기 위해 중성자를 우라늄 원자핵에 충돌시켰다. 연금술사의 꿈이 다시 시작된 것이다.

1937년, 졸리오-퀴리(1897~1956)와 프레데릭 졸리오-퀴리(1900~1958) 부부는 초우라늄 원소의 합성을 발표했지만, 초우라늄 원소가 아니었다. 1938년, 오토 한(1879~1968)과 슈트라스만(1902~1980)은 더 놀라운 사실을 발견했다. 즉, 속도가 느린 중성자가 우라늄을 바륨과 크립톤으로 핵분열[52]시키면서 다른 중성자가 방출된다는 것이었다. 이 과정에서 손실된 질량이 아인슈타인의 '질량 에너지 등가 원리, $E = mc^2$'에 의해 에너지로 전환될 때 그 파괴력은 상상할 수 없는 엄청난 것이었다.

왜 느린 중성자일까? 속도가 빠른 중성자들은 대부분 우라늄 핵과 충돌하지 않고 그냥 지나쳤으며, 우라늄 덩어리가 작으면 부딪치기도 전에 빠져나갔다. 핵분열에는 감속재로 속도를 늦춘 중성자와 많은 양의 우라늄이 필요했다. 어떤 감속재를 사용할까? 예를 들어 골프공은 빠른 속도로 무거운 쇳덩이에 부딪치면 골프공만 튕겨 나가지만, 무게가 비슷한 야구공과 부딪치면 야구공과 함께 골프공은 느려진다. 따라서 감속재는 가벼운 원소인 흑연이나 물이 사용되었다.

두 번째 열쇠

핵분열에서 발생하는 에너지는 독일과 미국을 자극했다. 다급해진 미

---

52. 핵분열
실제로 발견한 사람은 오토 한의 연인이었던 리제 마이트너(1878~1968)였다.

국은 독일보다 먼저 원자폭탄을 개발하기 위하여 맨해튼 프로젝트를 가동했다. 1942년, 페르미(1901~1954)는 우라늄 원자로에서 400 톤의 흑연 감속재와 핵분열에서 생긴 중성자를 잘 흡수하는 카드뮴이나 붕소 제어봉을 이용하여 핵분열 연쇄반응을 성공시켰다.

그러나 폭발까지 이르려면 고농축 우라늄-235가 필요했다. 양성자와 중성자가 모두 쌍을 이룬 짝수의 우라늄-238보다 쌍을 이루지 못한 중성자가 있는 불안정한 홀수의 우라늄-235가 핵분열이 더 쉬웠다. 맨해튼 프로젝트의 성패는 천연 우라늄에서 0.7%에 불과한 우라늄-235를 93.5% 이상으로 농축하는 것에 달려 있었다. 화학적 성질이 같은 이들의 유일한 차이는 235와 238의 질량수였다.

무게 차를 이용한 혼합물 분리장치는 원심력으로 혈액이나 우유의 성분을 분리하는 원심분리기였다. 일단 고체인 천연 우라늄을 질산에 녹인 후 플루오린과 반응시켜 육플루오르화우라늄(UF$_6$) 기체를 만들었다. 그러나 이 기체는 원심분리기를 부식시켰다. 판도라의 상자를 열려면 부식에 강한 두 번째 열쇠를 찾아야 했다.

1938년, 듀폰사에서 프레온 냉매를 만들던 플랑켓(1910~1994)은 고압 탱크를 열자 냉매 대신에 벽면에 묻어 있는 미끈거리는 백색 가루를 발견했다. 실수로 공기가 들어가면서 테플론 고분자가 합성된 것이었다. 강산, 강염기와 고온에서 안정한 테플론은 부식에도 안정했다. 결국 테플론으로 벽면을 코팅한 원심분리기로 우라늄-235를 농축시켜 원자폭탄 제조에 성공했다. 맨해튼 프로젝트 예산의 대부분은 원심분리기 시설에 투자되었다.

1945년 8월 6일, 마침내 히로시마 상공에는 거대한 구름기둥이 치솟았다. 처음이자 마지막이어야 할 우라늄 원자폭탄 '꼬마'는 수백만 도의 열기를 내뿜었고, 이어서 불어 닥친 후폭풍은 히로시마를 초토화시켰다. 34만의 시민 중에서 10만여 명이 사망했고, 5년 동안 10만여 명이 방사선 후유증으로 희생됐다. 3일 후에는 더 강력한 플루토늄 원자폭탄 '뚱보'가 나가사키에 투하되었다. 8월 15일, 일본은 무조건 항복을 선언했다.

테플론은 주방기구의 혁신을 가져왔다. 테플론을 산업적 용도로만 사용하던 듀폰과는 달리, 1954년 그레구아르는 아내의 제안에 따라 음식물이 눌러 붙지 않도록 알루미늄에 테플론을 코팅한 프라이팬을 발명하여 주방가전 회사인 테팔을 설립했다. 버터 없이도 요리할 수 있게 된 것이다. 테팔은 테플론과 알루미늄의 합성어이다. 테플론은 보온밥통 및 기타 조리기구의 코팅과 우주복 외피, 전깃줄 절연 피복제, 심장박동 장치, 인공 턱, 코뼈 등에 널리 사용되고 있다.

오! 체르노빌과 후쿠시마

핵분열 에너지를 평화적으로 이용하기 위하여 많은 원자력 발전소들이 세워졌다. 원자력 발전은 우라늄-235가 2~5%인 저농축 우라늄의 핵분열에 의해 발생한 열로 물을 가열하고, 여기서 발생한 증기로 터빈을 돌려 전기를 생산한다.

그러나 그 누구도 예상치 못한 사소한 실수로 발생한 원전 사고는 인류와 자연 환경에 치명적인 재앙을 가져왔다. 방사성 물질의 누출에 대비하여 원자로에는 다중 방호벽이 설치되어 있었지만, 이것은 인간이 상상할 수 있는 사고에 대한 안전장치였다.

미국의 스리마일 원전 사고(1979년) 이후, 체르노빌 원전 사고(1986년)는 인재에 의한 치명적인 사고였다. 터빈을 시험하던 기술자들은 비상시 자동으로 핵분열을 차단하는 노심냉각 장치가 꺼진 상태로 원자로를 가동시켰다. 곧이어 핵분열로 발생한 열은 냉각수를 수소와 산소로 분해시켰고, 이 기체들의 압력에 의해 원자로가 폭발했다. 유출된 방사성 물질로 수천 명이 사망했고 수백만 명이 피해를 입었다. 주변 환경은 황폐해졌으며 발전소 근처의 토양과 지하수가 방사능에 오염되는 사상 최악의 원전 사고였다.

후쿠시마 원전 사고(2011년)는 대지진 발생 후 제방보다 높게 밀려드는 쓰나미와 이에 의한 정전으로 발생했다. 비상 발전기와 배터리가 침수되면서 비상 노심냉각 장치에 전력 공급이 끊겨 핵분열을 제어할 수 없었다. 예상치 못한 자연재해 앞에 다중 방호벽도 무용지물이었던 것이다. 후쿠시마와 체르노빌 원전 사고는 아직도 현재 진행형이다.

🦠 방사능 물질

후쿠시마 원전 사고로 인해 익숙해진 원소는 핵분열에서 생기는 방사성 동위원소 스트론튬-90과 세슘-137이다. 스트론튬-90은 칼슘처럼 뼈에 쌓인 후 베타 입자의 방출로 전리 작용[53]을 일으켜 골암이나 백혈병을 유발한다. 마찬가지로 신경 전달 물질인 포타슘과 성질이 비슷한 세슘-137도 주로 근육에 농축되어 불임증, 전신마비, 암 등을 유발한다.

이들과 함께 방출되는 방사성 동위원소 요오드-131는 주로 갑상선암을 유발한다. 요오드에 의한 피해는 오랑캐로 오랑캐를 견제하는 '이이제이' 전략으로 예방할 수 있다. 방사성 요오드-131이 농축되기 전에 일반 요오드로 미리 갑상선을 채우는 것이다. 우리나라는 미역, 다시마, 김 등의 해조류와 천일염 등으로 요오드 섭취가 충분하지만, 주로 암염 소금을 섭취하는 미국, 러시아, 중국 등은 추가적으로 요오드 섭취가 필요하다.

---

53. 전리 작용
중성인 원자가 양이온과 자유전자로 분리되는 현상

⚛ 핵연료 재처리

원자력 발전에 사용했던 우라늄-238 중 일부는 중성자를 흡수하여 핵분열이 가능한 플루토늄-239로 변환된다. 사용 후 핵연료에 남아있는 우라늄-235와 플루토늄-239를 추출하고 남은 방사성 폐기물들을 지하 동굴 등에 영구 처분하는 것을 '재처리'라 한다.

사용 후 핵연료 100 kg을 재처리하면 약 1 kg의 플루토늄이 생긴다. 플루토늄-239와 우라늄-238을 혼합하면 핵연료로 사용할 수 있지만, 추출 과정에서 많은 방사성 폐기물이 발생한다. 또한 90% 이상으로 농축하면 플루토늄 핵폭탄을 제조할 수 있다. 이에 국제원자력안전기구(IAEA)는 원자력 발전소를 가동 중인 나라의 핵연료 재처리를 철저히 감시하고 있다.

저밀도 폴리에틸렌

제2차 세계대전의 고분자 삼총사 중 막내는 저밀도 폴리에틸렌(LDPE)이다. 당시 독일의 공습은 런던 주민들에게 공포였다. 그러던 중 영국의 ICI사가 LDPE 필름이 레이더의 마이크로파에 견딜 수 있는 절연 특성이 있다는 것을 이용하여 폭격기를 추적할 수 있는 레이더 개발에 성공하였다. LDPE의 발명도 우연의 결과였다. 에틸렌 기체의 고온 고압 특성을 연구하던 중에 실수로 산소가 용기에 유입되면서 LDPE가 합성된 것이었다.

19

노벨상
패밀리

Polonium, 84Po / Radium, 88Ra

중성자와 테플론 열쇠가 필요했던 판도라의 상자가 어느 날 갑자기 '짠'하고 열린 것은 아니었다. 소크라테스(~BC 399)의 '너 자신을 알라'에서 자신을 아는 것이 철학의 시작인 것처럼, 20세기 현대과학의 출발은 원자를 이해하는 것이었다. 그 중심에는 퀴리 부인과 84번 폴로늄, 88번 라듐이 있었다.

퀴리 부인은 방사능의 발견으로 피에르 퀴리, 베크렐과 함께 노벨물리학상(1903년)을, 폴로늄과 라듐의 발견으로 노벨화학상(1911년)을 받았다. 첫 여성 노벨상, 최초 2회 노벨상, 물리와 화학 분야 노벨상, 부부 노벨상의 타이틀과 함께, 딸과 사위인 졸리오 퀴리 부부도 알루미늄에 알파 입자를 충돌시켜 인으로 바꾼 공로로 노벨화학상(1935년)을 받았다. 이로써 최초의 모녀 수상 및 한 가족에서 4명이 노벨상을 받는 대기록을 세웠다. 그러나 노벨상 패밀리의 대모였던 그녀는 방사선 과다 노출에 의한 악성 빈혈로, 딸은 백혈병으로 사망했다.

⚛ 알쏭달쏭, X-선

건강검진에서 누구나 검사를 받게 되는 X-선. 정체를 알 수 없는 선이라는 뜻의 X-선은 물질의 밀도가 높을수록 투과하기 어려워 뼈는 밝게, 근육이나 지방은 어둡게 나타난다. 의학 혁명을 가져온 X-선은 어떻게 발견되었을까?

패러데이(1791~1867)는 전극을 설치한 진공 유리관에 높은 전압을 가하면 음극에서 양극으로 무엇인가 흐르는 것을 알게 됐다. 골트슈타인(1850~1930)에 의해 음극선이라 불린 이 방사선은 무엇일까?

1895년, 뢴트겐(1845~1923)은 얇은 금속박에 음극선을 통과시키는 연구를 하고 있었다. 그는 검은 종이로 음극선관을 감싼 후 전압을 가하자, 음극선관 밖에 있던 시안화백금산바륨을 바른 종이가 빛나는 것을 발견했다. 음극선과 금속박의 충돌로 생긴 새로운 광선이 검은 종이를 뚫고 나와 시안화백금산바륨을 감광시킨 것이었다. 그는 전기장이나 자기장에도 휘지 않고, 반사나 굴절도 되지 않아 정체를 알 수 없었던 이것을 X-선이라 불렀다. 그는 최초의 노벨물리학상을 수상(1901년)하였다.

X-선은 높은 에너지의 음극선이 금속과 충돌할 때 금속의 전자가 에너지를 흡수하여 들떴다가 원래 상태로 돌아갈 때 내는 빛이었다. 이 빛의 특징은 무엇일까?

뢴트겐이 아내의 손을 사진 건판 앞에 놓고 X-선을 투과시키자 놀랍게도 금속 반지와 함께 손가락뼈가 선명하게 사진 건판에 나타났다. 이것은 왓슨(1928~)과 크릭(1916~2004)이 DNA의 이중나선 구조를 밝히는 데 결정적인 역할을 한 DNA 결정 사진과 함께 인류 역사상 가장 위대한 과학적 발견을 낳은 사진이었다. 오늘날 X-선은 의료 분야에 기초적이며 필수적인 장비가 되었다. 그러나 당시 사람들은 X-선이 사생활을 침해할 것이라며 미래에 대한 어두운 전망을 쏟아냈다.

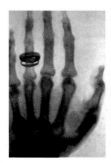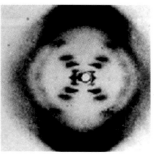

뢴트겐의 X−선 사진과 왓슨과 크릭의 DNA 결정 사진

X-선의 발견으로 과학자들의 관심은 다시 음극선으로 쏠렸다. 음극선의 정체는 무엇일까?

1896년, 톰슨(1856~1940)은 전기장을 통과한 음극선이 양극 쪽으로 휘는 것을 발견했다. 음극선은 음의 성질을 갖는 입자였다. 원자 안에는 더 작은 전자가 있었던 것이었다. 톰슨은 원자모델로 양전하가 골고루 퍼진 원자 안에 전자가 곳곳에 박힌 '건포도 푸딩 모델'을 제안하였다. 원자의 세계를 탐험하는 개척자들의 도전이 시작된 것이다.

방사선의 발견

1896년, 베크렐(1852~1908)은 검은 종이로 감싼 우라늄 화합물을 사진 건판과 함께 서랍 속에 두고 휴가를 떠났다. 이 사실을 잊은 채로 지내다 몇 달 후 서랍을 열었을 때 놀랍게도 사진 건판은 빛에 노출되어 있었다. 전자에 의한 X-선과는 다른 새로운 빛이 우라늄 화합물에서 나온 것이었다.

베크렐선으로 불린 이 빛은 X-선보다 약했기 때문에 큰 관심을 끌지 못했으나, 조건에 상관없이 지속적으로 방출되었다. 세기가 약한 것은 우라늄의 양이 적었기 때문이었다.

퀴리 부부는 베크렐선에 주목했다. 1898년, 그들은 사진 건판 대신에 미세한 전류를 측정할 수 있는 압전기로 방사선을 측정하기 시작했다. 압전 현상은 물리학자인 남편 피에르 퀴리의 전공이었다. 라부아지에 부부가 근대 화학을 연 것처럼, 퀴리 부부는 새로운 물리를 예고하고 있었다.

방사선과 방사능

방사선은 불안정한 방사성 원소가 붕괴할 때 방출되는 알파, 베타, 감마선이며, 방사능은 그 세기이다. 알파붕괴의 알파선은 중성자 2개와 양성자 2개로 구성된 헬륨 원자핵으로, 질량과 전하가 크고 물질을 통과할 때 에너지가 감소해서 투과력이 약하다. 베타붕괴에서는 중성자가 양성자와 전자로 변하며, 핵에서 빠르게 방출되는 전자의 베타선은 알파선보다 투과력이 크고 가벼워 물질 안에서 산란된다. 감마선은 알파나 베타붕괴에서 원자핵이 안정화되면서 방출되는 파장이 짧은 전자기파로 투과력이 강하다.

🐙 퀴리 부인의 집념

천연 우라늄광인 피치블렌드를 연구하던 퀴리 부인은 여기에서 나오는 방사선이 순수한 우라늄보다 더 강한 것을 발견했다. 피치블렌드에는 우라늄보다 방사능이 더 강한 물질이 숨어 있었다. 1898년, 마침내 퀴리 부부는 새로운 원소를 찾아냈다. 나라를 잃은 슬픔으로 고통을 받고 있는 조국 폴란드를 위해 퀴리 부인은 이 원소를 84번 폴로늄으로 명명하였다.

폴로늄은 폐암의 주원인으로 꼽히는 담배에서도 검출된다. 자연 방사성 물질인 라돈으로부터 생성되는 폴로늄은 주로 인산염 화학비료를 사용하는 담배에서 발견되며 하루에 한 갑을 피는 사람의 1년간 피폭량은 자연 방사선량의 200배 정도로 매우 높다.

그러나 폴로늄으로도 피치블렌드의 강한 방사능을 완전히 설명할 수 없었다. 퀴리 부부는 다시 4년 동안의 노력 끝에 폴로늄보다 방사능이 훨씬 더 강한 0.1 g의 새로운 원소를 추출하였다. 이것은 광선이라는 뜻의 88번 라듐으로 명명되었다.[54] 우라늄보다 방사능이 더 강한 폴로늄과 라듐의 발견으로 방사능 물질은 재조명되기 시작했다.

밝은 빛을 내는 라듐은 사람들의 눈길을 끌었으며, 이를 이용한 제품이 판매되기 시작했다. 소량의 라듐이 포함된 황화아연을 이용한 발광 시계가 그 예이다. 이 시계를 만들던, 후에 라듐 걸스Radium girls라 불리는 여성 노동자들은 입으로 붓끝을 뾰족하게 만들면서 작업을 반복하다가 치아와 손톱에 지속적인 피폭이 일어났다. 결국 이들 대부분에게서 재생 불량성 빈혈과 골절 및 턱의 괴사 등의 증세가 나타났다. 이 사건을 계기로 노동 환경에 대한 문제가 수면 위로 떠오르기도 하였다.

러더퍼드의 금박

전자와 방사능 물질의 발견으로 돌턴의 원자론은 위협을 받게 되었다. 음극선에서 나오는 전자와 우라늄 붕괴에서 나오는 방사선은 원자 안에 더 작은 입자가 있다는 확실한 증거였다. 원자는 러더퍼드가 원자핵을 발견하기 이전에 베일을 하나씩 벗고 있었다.

1909년, 러더퍼드는 조교인 마르스덴(1889~1970)과 가이거(1882~1945)[55]와 함께 실험을 시작했다. 러더퍼드는 양의 성질을 띤 고속의 알파 입자는 건포도 푸딩 모형에서 제시된 양의 성질이 골고루 퍼진 원자를 쉽게 통과

---

54. 1899년, 드비에르느(1874~1949)는 퀴리 부부가 사용하고 남은 피치블렌드에서 89번 악티늄을 발견했다.

55. 가이거
러더퍼드가 제안한 설계도로 이동성 방사능 측정기, 가이거 계수기를 만들었다.

할 것이라 여겼다. 이것을 확인하려면 얇은 금속박이 필요했다. 그는 0.05 mm 두께의 금박에 알파 입자를 빠른 속도로 발사했다. 금박 뒤에는 알파 입자를 검출할 수 있는 형광 스크린이 있었다.

조교들은 캄캄한 실험실에서 형광 스크린에 나타나는 빛의 위치와 횟수를 기록하기 시작했다. 처음에는 예상대로 바로 뒤쪽에만 반짝였으나, 수천 번에 한 번은 각도가 크게 휘거나 반대인 곳에서 반짝였다. 엄청난 속도의 입자가 얇은 금박에 의해 튕겨난 것은 러더포드의 표현처럼 총알이 얇은 휴지에 튕겨져 나간 것과 같은 놀라운 사건이었다.

러더퍼드는 새로운 원자 모형을 제시하였다. 원자는 돌턴의 생각처럼 단단하지 않았으며, 톰슨의 건포도 푸딩과 같은 구조도 아니었다. 원자의 중심에는 양전하가 집중된 매우 무겁고 단단한 원자핵이 위치하고 있었던 것이다. 이후 원자핵에서 양성자와 중성자가 발견되었다. 이것들은 초고속의 입자들에 의해 분열하거나 융합할 수도 있었다. 러더퍼드는 원자핵 주변에 전자들이 흩어져 있는 태양계를 닮은 행성 모델을 제시하였다. 비록 러더퍼드의 태양계 모델은 보어에 의해 수정되었지만, 원자핵의 발견으로 연금술사들이 꿈꾸던 원소 변환이 가능하게 된 것이었다. 아이러니하게도 원자핵은 금에서 발견되었다.

이제 과학자들은 연금술사의 후예가 되어 새로운 초우라늄 원소를 창조하는 신의 영역에 도전하기 시작했다.

원자 모형의 발달

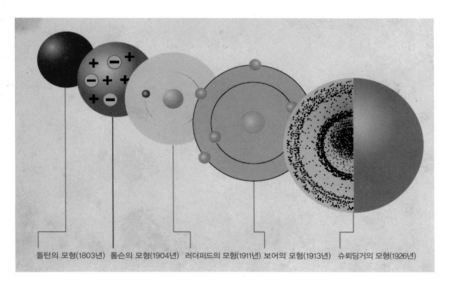

돌턴의 모형(1803년) 톰슨의 모형(1904년) 러더퍼드의 모형(1911년) 보어의 모형(1913년) 슈뢰딩거의 모형(1926년)

20

원소
사냥

Plutonium, ₉₄**Pu**

1번 수소에서 92번 우라늄까지의 원소들 중에서 43번 테크네튬과 61번 프로메튬을 제외한 90종은 자연에서 발견된다. 폴로늄과 라듐을 끝으로, 우라늄은 가장 무거운 슈퍼 헤비급 원소였다. 그러나 원소 사냥꾼들에게 우라늄은 새로운 시작이었다.

1940년대, 높은 에너지의 입자를 발생시키는 입자가속기, 사이클로트론을 장착한 로렌스(1901~1958)는 새로운 원소들을 창조하기 시작했다. 그가 합성한 테크네튬을 비롯한 인공 원소들은 다양한 분야에 사용되었고, 방사성 요오드는 갑상선 기능 항진증 치료에 활용되었다. 특히, 초우라늄 원소 합성은 과학기술의 척도였으며, 새로운 원소명을 결정하는 것은 나라의 자존심이 걸린 문제였다. 초우라늄 원소로 주기율표에 영원히 이름을 남긴 그들은 누구인가?

🔬 사라진 플루토, 남은 플루토늄

우라늄보다 무거운 초우라늄 원소를 찾아 나선 과학자들은 새로운 원소들을 합성하기 시작했다.

1940년, 맥밀란(1907~1991)과 아벨슨(1913~2004)은 중성자를 우라늄-238에 충돌시켜 만든 우라늄-239가 베타붕괴[56]할 때 생기는 최초의 초우라늄 원소인 93번 넵투늄-239를 발견했다. 시보그(1912~1999)도 우라늄-239의 두 번 베타붕괴로 생긴 94번 플루토늄-239를 찾았다.

이들은 우라노스(천왕성)에서 우라늄을 명명한 것처럼 로마 신화의 넵투누스(해왕성)와 플루톤(명왕성)에서 넵투늄과 플루토늄으로 명명되었다. 태양계의 9번째 행성이었던 명왕성은 2006년 왜행성 및 명왕성형 천체로 분류되어 행성의 지위를 상실하였으나 플루토늄으로 주기율표에 그 이름을 영원히 남긴 것이었다.

🔬 유로퓸과 아메리슘

19세기 후반에도, 새로운 원소들의 이름은 중요한 이슈였다. 스칸듐(Sc), 툴륨(Tm), 홀뮴(Ho)은 각각 스칸디나비아 반도, 스칸디나비아의 옛 이름인 툴레, 스톡홀름의 라틴식 이름인 홀미아에서, 이트륨(Y), 이터븀(Yb), 어븀(Er), 터븀(Tb)은 스웨덴의 위테르비에서 명명되었으며 유로퓸(Eu), 저마늄(Ge), 프랑슘(Fr)도 유럽 대륙과 독일, 프랑스에서 유래한다.

1944년, 시보그는 중성자를 94번 플루토늄-239와 충돌시켜 만든 플루토늄-241의 베타붕괴에서 95번 원소를 발견했다. 누구나 인정할 수 있는

---

56. 베타붕괴
중성자가 양성자로 바뀌면서 전자를 방출하기 때문에 원자번호가 증가한다.

원소명은 무엇일까? 시보그는 란타넘 계열의 7번째 원소가 유로퓸인 것에 착안하여 악티늄 계열의 7번째 원소였던 이것을 95번 아메리슘(Am)이라 명명하였다. 아메리슘은 화재경보기에 사용되는 가장 쉽게 만날 수 있는 초우라늄 원소이다.

시보그는 알파 입자를 94번 플루토늄과 충돌시켜 만든 96번 원소를 퀴리 부부를 기념하여 퀴륨(Cm)으로 명명하였다. 1949년, 캘리포니아 버클리 연구소는 알파 입자와 95번 아메리슘과의 충돌로 97번 버클륨(Bk)을, 1950년에는 알파 입자를 96번 퀴륨과 충돌시켜 98번 캘리포늄(Cf)을 합성했다. 계속해서 과학자들은 초우라늄 원소를 찾아 나섰다. 어디까지 가능할 것인가?

비키니

1954년, 미국은 태평양의 비키니 섬에서 수소폭탄 실험에 성공하였다. 이 충격은 파괴적인 것이었다. 엄청난 핵구름이 솟아올랐고, 잔해물 분석 과정에서 초우라늄 원소들이 검출되었다. 이들은 원자폭탄의 이론을 완성한 아인슈타인과 개발에 성공한 페르미(1901~1954)를 기념해 99번 아인시타이늄(Es)과 100번 페르뮴(Fm)으로 명명되었다.

페르미가 아인슈타인 등과 함께 루스벨트(1882~1945) 대통령에게 원자폭탄 개발을 촉구하는 편지를 보내면서 미국은 맨해튼 프로젝트를 가동했다. 1942년, 페르미는 세계 최초의 원자로인 시카고파일-1호로 핵분열 연쇄 반응의 제어에 성공했던 것이다.

🔬 악티늄 족의 완성

1955년, 캘리포니아 대학의 버클리 연구팀은 알파 입자와 99번 아인시타이늄의 충돌로 101번 멘델레븀(Md)을 발견했다. 1958년에는 96번 퀴륨에 6번 탄소 이온을 충돌시켜 102번 노벨륨(No)을 합성하였다. 1961년, 98번 캘리포늄과 5번 붕소 이온으로 103번 로렌슘(Lr)을 합성함으로써 모든 악티늄 족 원소들이 채워졌다.

과학자들은 초우라늄을 넘어 초악티늄 원소에 도전하기 시작했다. 그러나 최초의 초악티늄 원소는 반감기가 너무 짧았다. 1964년, 10번 네온과 94번 플루토늄의 충돌로 얻은 104번 원소는 쿠르차토븀(Ku)으로 명명되었으나 확인되지 않았다. 1969년, 캘리포니아 연구소는 98번 캘리포늄과 6번 탄소를 충돌시켜 얻은 원소를 104번 러더포듐(Rf)으로 제안하였다. 국제순수응용화학연합은 3년간의 논쟁 끝에 러더포듐을 104번 원소로 인정했다.

1967년, 소련의 더브나 연구소는 10번 네온과 95번 아메리슘의 충돌로, 미국은 7번 질소와 98번 캘리포늄의 충돌로 합성한 원소를 각각 닐스 보어(1885~1962)와 오토 한(1879~1968)을 기념하여 닐스보륨(Ns)과 하늄(Ha)으로 명명하였다. 이것 역시 긴 논쟁 끝에 닐스보륨도 하늄도 아닌 원자핵 연구에 공이 큰 더브나 연구소를 기념하여 105번 더브늄(Db)으로 명명되었다. 이제 106번을 향한 릴레이가 시작되었다.

🔬 시보귬에서

1974년, 소련은 24번 크롬과 82번 납을, 미국은 8번 산소와 98번 캘리포늄을 충돌시켜 만든 106번 원소를 시보그를 기념하여 시보귬(Sg)으로 명명했다. 시보그는 갑상선 질환 치료에 사용되는 아이오딘-131을 비롯한 많은 방사성 동위원소들을 합성한 타고난 원소 사냥꾼이었다.

1976년, 더브나 연구소는 24번 크롬을 83번 비스무트에 충돌시켜 107번 보륨(Bh)을 합성하였다. 닐스 보어는 105번에서의 실패를 딛고 재기에 성공한 것이었다.

이후 초우라늄 원소의 발견은 독일 중이온과학 연구소(GSI)의 독무대였다. 1984년, GSI는 26번 철과 82번 납으로 합성한 원소를 GSI가 위치한 헤센 주에서 108번 하슘(Hs)으로 명명하였다. 이보다 앞서 1982년에 발견된 109번은 마이트너륨(Mt)이었다. 마이트너(1878~1968)는 오토 한(1879~1968)과 핵분열을 연구했으나 노벨상 수상에 실패한 비운의 여성 과학자였다. 하지만 주기율표에 이름을 올린 것은 훨씬 더 큰 명예였다. 오토 한은 105번에 이어 109번에서도 이름을 올리지 못하였다.

1994년에 검출된 110번은 GSI 소재지 다름슈타트 시에서 다름슈타튬(Ds)으로, 111번은 X-선을 발견한 뢴트겐(1845~1923)에서 뢴트게늄(Rg)으로 명명되었다. 112번은 코페르니슘(Cn)이었다. 코페르니쿠스(1473~1543)적 사고의 전환을 가져 온 지동설이 원자 모형에도 적용되면서 주기율표에 이름을 올린 것이다. 이후 2012년, 더브나 연구소와 로렌스 리버모어 연구소의 공동 연구로 114번 플레로븀(Fl)과, 116번 리버모륨(Lv)이 합성되었다.

🧬 니호늄과 코리움?

초우라늄 원소는 불안정하며 반감기가 짧다. 그러나 최외각 전자가 모두 채워진 비활성 기체들처럼 원자핵도 이를 구성하는 양성자나 중성자의 궤도가 2, 8, 20, 28, 50, 82, 114, 120, 126개가 모두 채워질 때 안정할 것으로 예상된다. 예를 들어 (양성자 + 중성자)가 (2 + 2)인 헬륨[57], (8 + 8)인 산소, (20 + 20)인 칼슘, (82 + 126)인 납은 안정하다. 따라서 과학자들은 이러한 조건에 맞는 안정한 초우라늄 원소를 찾기 위한 경주를 지속하고 있다.

2016년, 공식적으로 인정받은 초우라늄 원소는 113번 니호늄(Nh), 115번 모스코븀(Mc), 117번 테네신(Ts), 118번 오가네손(Og)이다. 니호늄(Nh)은 일본 이화학 연구소에서 합성한 원소였다.

초우라늄 원소들은 높은 에너지로 중이온[58]을 가속하여 핵에 충돌시킬 수 있는 중이온 입자가속기를 보유한 나라에서 합성되었다. 예를 들어 20번 칼슘과 98번 캘리포늄을 충돌시켜 118번을 합성하려면 양성자 98개와 20개 사이의 반발력을 극복할 수 있는 엄청난 에너지가 필요한 것이다. 우리나라는 2021년 중이온 입자가속기 '라온(RAON)'의 설치를 목표로 하고 있다. 새로운 초우라늄 원소, '코리움(Kr)'을 주기율표에 올릴 날이 올 것인가?

🜨 연금술사의 꿈

고대 이집트의 연금술과 중국의 불로장생약을 향한 연단술은 18세기 근대 화학의 원동력이었다.

입자가속기로 연금술사의 꿈을 이룰 수 있을까? 1980년, 시보그는 입자가속기로 납을 금으로 변환시켰다. 그러나 변환된 금의 양은 십 원에 불과했다. 연금술사의 꿈은 실패한 것일까? 납에서 금 혹은 포도당에서 알코올

---

57. 헬륨
4는 원자량을 의미한다.

58. 중이온
양성자나 헬륨보다 원자번호가 큰 원소에서 전자를 떼어낸 양이온

로 변하는 것은 모두 물질이 변화하는 것이다. 단, 포도당의 발효에서는 전자가 이동하며, 납의 변환은 핵에서 양성자수가 달라진다. 전자의 이동은 수백~수천 도에서 가능하지만, 핵의 변화는 수억 도 이상이 필요하다. 이러한 에너지를 가진 입자를 만들려면 입자가속기가 필요한 것이다.

　그러나 화학은 납보다도 싼 물질에서 금보다 비싼 물질들을 만들어 내고 있다. 나노 셀렌화카드뮴은 금보다 훨씬 비싸며, 아스피린과 페니실린은 수많은 인명을 구했다. 의류 혁명을 가져온 염료, 나일론을 비롯한 고분자 합성, 아폴로 11호를 달나라에 착륙시킨 합금 소재, 모바일 혁명을 일으킨 실리콘 반도체, 꿈의 디스플레이 재료 그래핀 등 그 수는 헤아릴 수 없을 정도로 많다. 연금술에서 시작한 화학은 21세기 진정한 연금술로 거듭나고 있는 것이다.

● ● ● ● ●

초우라늄 인공 원소

95 Am (243)	96 Cm (247)	97 Bk (247)	98 Cf (251)	99 Es (252)	100 Fm (257)
101 Md (258)	102 No (259)	103 Lr (262)	104 Rf (261)	105 Db (262)	106 Sg (266)
107 Bh (264)	108 Hs (270)	109 Mt (268)	110 Ds (281)	111 Rg (272)	112 Cn (287)
113 Nh 니호늄 Nihonium	114 Fl (289)	115 Mc 모스코븀 Moscovium	116 Lv (293)	117 Ts 테네신 Tennessine	118 Og 오가네손 Oganesson

21

분열과
융합

Niobium 41Nb / Palladium, 46Pd

파국으로 치닫던 제2차 세계대전은 꼬마와 뚱보로 종결되었다. 이후 냉전시대를 거치면서 서로를 불신했던 미국과 소련은 인류를 멸망시키고도 남을 엄청난 양의 핵무기를 보유하게 되었다.

또한 체르노빌(1986년)과 후쿠시마 원전 사고(2011년)는 원자력 발전에 대한 회의적인 시각을 가져왔다. 그러나 경제 발전과 함께 지속적으로 증가하는 에너지 수요를 충족시킬 수 있는 새로운 에너지를 찾기란 쉽지 않다. 이러한 에너지 위기를 극복하기 위하여 과학자들은 태양의 핵융합을 모방한 인공태양에서 해답을 찾으려 하고 있다. 더나아가 상온 핵융합을 통해 에너지를 얻으려는 시도도 있었다. 인공태양과 상온 핵융합! 그 중심에는 41번 나이오븀과 46번 팔라듐이 있었다.

🔬 화력과 핵 발전

인체에 산소와 영양분을 공급하는 혈액처럼, 컴퓨터, TV, 냉장고 등의 전자제품을 작동시키는 전기는 발전소에서 생산된다. 이 중 화력발전은 전체의 65%, 원자력발전은 30%, 수력 및 풍력발전과 신재생에너지 등이 5%의 전력을 생산하고 있다.

화력발전에서는 화석연료의 연소 생성물로 이산화탄소와 함께 황과 질소 산화물 등이 생긴다. 이산화탄소는 지구온난화, 황과 질소 산화물은 산성비의 원인이 된다. 원자력발전은 핵연료를 사용한 후 발생하는 방사능 폐기물의 처리와 보관이 어렵고, 원전 사고의 위험이 항상 도사리고 있다. 수력 및 풍력과 태양광발전은 이용 가능한 국토가 한정적인 단점을 갖고 있다.

🔬 태양의 핵융합

1930년대, 무한대에 가까운 태양에너지는 태양 내부의 핵융합 반응에 의한 것으로 밝혀졌다. 핵융합은 어떻게 일어날까?

태양은 대부분 수소이며, 핵과 전자는 1억 도 이상의 온도에서 양과 음의 전기를 띤 플라스마 상태로 자유롭게 움직인다. 이 때 양전하를 띤 중수소와 삼중수소 원자핵이 서로의 반발력을 이기고 결합하면서 핵융합이 일어난다. 우라늄이 가벼운 원자로 쪼개지는 핵분열과는 달리, 가벼운 수소가 무거운 헬륨으로 합쳐지는 핵융합 과정에서 감소한 질량이 에너지 등가 원리에 따라 엄청난 에너지로 전환되는 것이다.

1952년, 미국의 수소폭탄 실험은 지상에서도 핵융합이 가능하다는 것을 증명하였다. 핵융합에 필요한 1억 도의 온도는 방아쇠 역할을 하는 소형 원자폭탄에 의해 도달하였다. 방사능이나 핵폐기물이 발생하지 않는 영원한 에너지를 향한 인류의 꿈, 태양의 핵융합을 모방한 '인공태양'은 과연 가능할까?

🔬 인공태양

해결의 열쇠는 핵융합을 위한 1억 도 이상의 초고온 플라즈마와 이것을 유지할 수 있는 핵융합로이다. 플라즈마를 가둘 필요가 없는 수소폭탄과는 달리, 인공태양의 초고온 플라즈마는 핵융합로 벽과 충돌하면 즉시 온도가 낮아져 원자로 재결합하기 때문에 인공태양은 불가능하다.

초고온 플라즈마를 유지하는 방법은 강력한 자기장을 이용하는 것이다. 도넛 형태의 핵융합로에 자기장을 가하면 플라즈마는 핵융합로 중심에서 도넛 형태의 자기력선을 따라 운동을 하게 된다. 따라서 핵융합로에는 강력한 자기장을 발생시킬 수 있는 초전도체 전자석이 필요했다. 이것을 41번 나이오븀과 50번 주석의 나이오븀-주석 합금($Nb3Sn$) 선으로 만든 것이다.

1996년, 단 몇 초에 불과했지만 일본은 핵융합로를 5억 도 이상으로 올리는 데 성공했다. 초전도체 전자석을 이용하여 핵융합로에서 발생한 수억 도의 플라즈마를 유지시키는 용기가 바로 토카막이다. 우리나라도 초전도 핵융합장치 KSTAR(Korea Superconducting Tokamak Advanced Research)의 기술력으로 국제핵융합실험로 프로젝트에 참여하고 있다. 그 중에서도 차가운 얼음 그릇으로 국을 뜨겁게 보관하는 것과 같은 극한의 핵융합로 기술 개발에 중추적인 역할을 하고 있다.

⚛ 상온 핵융합

인공태양으로 전기를 생산하는 것은 오랜 시간이 걸릴 것으로 예상하고 있다. 고온을 유지할 수 있는 핵융합로 제작이 어렵기 때문이다.

그렇다면 낮은 온도에서 핵융합은 불가능한 것일까? 영화 '아이언 맨 2'의 주인공은 가슴에 부착된 소형 핵융합 발전기인 아크[59] 원자로에서 46번 팔라듐을 이용하여 핵에너지를 얻는다. 실제로 자동차의 유해 가스를 분해하는 삼원 촉매 중 팔라듐에 흡착된 반응물들은 쉽게 반응한다. 이러한 팔라듐을 상온 핵융합에 이용할 수는 없을까?

1983년, 폰즈(1943~)와 프라이슈만(1927~)은 상온 핵융합을 발표했다. 팔라듐과 리튬 전극으로 중수(D_2O)를 전기분해시켜 얻은 중수소(D_2)의 핵융합으로 중수가 따뜻해졌다는 것이었다. 인류의 꿈, 상온 핵융합의 가능성을 제시한 이 실험은 큰 반향을 일으켰다. 그러나 실험은 재현되지 않았고 그들은 사기꾼으로 몰렸다. 1999년, 타임지는 이 실험을 20세기의 가장 나쁜 아이디어 중 하나로 선정했다.

중수

수소의 동위원소는 수소(양성자 1개), 중수소(양성자 1개, 중성자 1개), 삼중수소(양성자 1개, 중성자 2개)가 있으며 중수소는 0.016%이다. 따라서 물에도 0.016%의 중수(D_2O)가 있다. 중수는 전기분해가 잘 되지 않아 물을 계속 전기분해하면 중수를 얻을 수 있다. 삼중수소는 리튬과 중성자를 반응시켜 얻는 방사능 물질로 사용하기 어렵다.

그럼에도 불구하고 논란은 현재 진행형이다. 노벨물리학상을 수상한

---
59. 아크
특정 물질 사이에 높은 전압을 가하면 전자가 흐르는 현상

슈빙거(1918~1994)가 다시 팔라듐 전극에 의한 상온 핵융합을 주장했다. 그의 논문을 검토한 심사자가 '핵물리학자라면 아무도 믿지 않을 것이다'라고 평하자, 그는 자신도 핵물리학자라며 학회를 탈퇴했다. 2002년, 테일 야칸(1953~)도 비커에 든 용액에서 기포를 만들어 터뜨리면 상온 핵융합을 일으킬 수 있다고 '사이언스'에 발표했다. 이처럼 상온 핵융합은 여전히 뜨거운 감자다. 과연 상온 핵융합은 과거의 위대한 발견처럼 혁명적인 패러다임으로 발전할 것인가? 아니면 해프닝으로 남을까? 그것은 46번 팔라듐이 갖고 있는 비밀이다.

• • • • •

초고온과 상온 핵융합

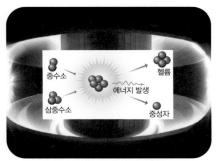

토카막에서의 초고온 핵융합

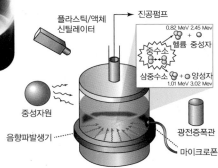

테일야칸의 상온 핵융합

2|2

은하철도
999

Yttrium, *39 Y*

21세기 과학자들의 관심이 초고온 핵융합이었다면, 20세기 초에는 물질의 극저온 특성이었다. 냉각 기술의 발달로 산소, 질소, 수소는 영하 183도, 196도, 253도에서 액화되었다. 남은 것은 헬륨이었다. 1908년, 오너스(1853~1926)는 영하 269도에서 헬륨을 액화시켰다.

금속에서 자유전자는 온도가 높을수록 원자핵의 진동에 방해를 받아 저항이 증가한다. 그렇다면 액체 헬륨의 극저온에서 금속의 전기저항은 어떨까? 격자 진동이 멈춰 저항이 사라질까? 혹은 전자들도 느려져 저항이 증가할까? 오너스는 극저온에서 수은의 저항이 갑자기 사라지는 것을 발견했다. 초고온 인공태양의 핵심 기술인 초전도 현상이 극저온에서 발견된 것이었다.

초전도체를 활용하기 위해 액체 헬륨의 극저온을 유지하려면 엄청난 비용이 들기 때문에 저항이 사라지는 초전도체의 임계온도는 액체 질소의 끓는점인 영하 196도보다 높아야 했다. 이것을 가능케 했던 것은 39번 이트륨을 포함한 산화물이었다.

🔬 고온 초전도체, 이바큐오

1987년, 츄(1941~)가 고온 초전도체 산화물, Y-Ba-Cu-O를 합성하자 세계는 열광했다. 이것의 실용화에는 많은 장애물이 있었지만, 새로운 산업혁명을 일으킬 수 있는 가능성이 열린 것이었다.

초전도는 미스테리한 현상이었다. 고체 격자 내 불순물이나 결함이 전혀 없더라도 격자 진동에 의한 저항이 있기 때문에 저항이 0인 초전도는 절대영도에서만 가능한 것이었다.

1957년, 바딘(1908~1991), 쿠퍼(1930~), 슈리퍼(1931~)는 초전도는 절대영도 근처에서 전자들이 쌍을 형성하면서 생긴다는 BCS[60] 이론을 발표하였다. 즉 자유전자가 양이온들 사이를 통과할 때 정전기적 인력으로 양이온을 당기면서 형성된 격자의 일그러짐이 음파 형태로 전달돼 근처의 다른 자유전자를 끌어당겨 '쿠퍼쌍'을 형성한다는 것이다.

🔬 다시 시작된 꿈

초전도 현상은 어떻게 이용될까? 전열기는 금속에 전류가 흐를 때 전류의 제곱과 저항에 비례해서 발생하는 열을 이용한다. 그러나 전류를 극대화하려면, 열의 손실을 최소화해야 한다. 따라서 저항이 없는 초전도체는 한번 전류를 흘려주면 열의 발생이 없이 계속 흐르기 때문에 인공태양, 자기부상열차, 자기공명영상장치, 입자가속기, 슈퍼컴퓨터 등 최첨단 장비에 반드시 필요한 꿈의 재료였다.

초전도체는 인공태양에 필요한 강력한 자기장을 발생시킬 수 있었다.

---

60. BCS
BCS는 그들 이름의 첫 글자를 딴 것이다. 바딘은 트랜지스터 발명으로 노벨물리학상도 수상하였다.

자석의 자기장은 2 테슬라에 불과하며, 전자석도 에나멜선의 저항에 의한 열로 인해 강력한 자기장을 만드는 데는 한계가 있다. 반면에 저항이 없는 초전도체 코일 전자석은 열이 발생하지 않아 강력한 자기장을 만들 수 있다. 그러나 BCS 이론에 의하면 온도가 높아지면 쿠퍼쌍이 깨져 초전도는 30 K 이하의 금속에서만 가능한 현상이었다.

과학자들은 실망했지만, 과학은 새로운 발견으로 패러다임을 전환하는 학문이었다. 1986년, 베드노르츠(1950~)와 뮬러(1927~)는 임계온도가 35 K인 고온 초전도체[61], La-Ba-Cu-O 산화물을 발표하면서 파장을 일으켰다. 노벨위원회는 새로운 현상이 발견되면 이론 정립과 응용 기술이 발달한 후에 노벨상을 수여하는 관례를 깨고, 불과 1년 후인 1987년에 그들에게 노벨상을 수여하였다.

고온 초전도체 연구는 활화산처럼 타올랐다. 1987년, 츄(1941~)가 란타넘을 39번 이트륨으로 치환한 YBCO의 임계온도는 무려 98 K로 액체 질소를 냉각제로 사용할 수 있었다. 이어서 134 K의 임계온도를 갖는 Hg-Ba-Ca-Cu-O 산화물의 발견으로 상온 초전도체의 꿈은 더욱 부풀어 올랐다. BCS 이론을 따르지 않는 초전도 현상으로 새로운 고온 초전도체가 탄생할 여지가 생긴 것이다.

핵자기공명장치

고온 초전도체를 사용하는 첨단 장비 중 하나는 인체를 해부하지 않고도 내부를 샅샅이 들여다 볼 수 있는 핵자기공명장치Magnetic Resonance image, MRI였다.

---

61. 초전도체
임계온도가 30 K 이상인 초전도체

블로흐(1905~1983)와 퍼셀(1912~1997)은 MRI의 원리를 발견한 공로로 노벨상을 수상(1946년)했다. MRI는 세포의 수소 원자에 있는 양성자의 자기적 성질을 이용한다. 즉, 팽이처럼 자전하는 양성자 세차운동의 주파수와 MRI의 자기장이 일치하면 양성자는 에너지를 흡수한다. 이 자기장을 끄면 양성자가 원래 상태로 돌아갈 때 암세포와 정상세포의 물의 양이 다르기 때문에 이에 따른 양성자 양의 차이로 인한 파형에서 암세포의 영상을 얻는다. 이 때 강력한 자기장을 만드는 초전도체 전자석으로 선명한 영상을 얻을 수 있다. 특히 고온 초전도체가 개발된다면 MRI를 X-ray처럼 사용할 수 있게 되는 것이다.

자기부상열차

증기기관차(1804년), 디젤기관차(1912년) 이후 일본의 신칸센(1964년)을 시작으로 프랑스의 TGV, 독일의 ICE 등 고속전철[62]이 운행되고 있다. 우리나라도 TGV를 도입한 지 6년 만인 2010년부터 세계에서 네 번째로 한국형 고속전철 KTX를 운행하고 있다.

기차는 바퀴와 선로 사이의 마찰력에 의해 출발한다. 기차의 속도를 높이려면 바퀴와 선로 사이의 마찰력이 작아야 한다. 이는 육상선수보다 스케이트 선수가 더 빠른 이유이다. 따라서 기차는 마찰력이 작은 강철 바퀴와 강철 선로를 이용하기 때문에 급출발과 급제동이 어려워 교차로에서는 기차가 우선적으로 가야 한다. 또한 기차는 경사진 언덕을 오를 수가 없어서 철로는 오르막길과 내리막길이 없도록 터널을 뚫거나 고가도로를 놓아야 한다.

---

62. 고속전철
일반적으로 시속 200 km 이상으로 주행하는 철도를 말한다.

고속전철보다 더 빠른 열차는 없을까? 1931년, 마이스너(1883~1958)는 자석의 자기력선이 초전도체를 통과하지 못하는 마이스너 효과를 발견했다. 즉, 자석이 같은 극끼리 서로 밀치는 것처럼 초전도체가 자석을 밀쳐내는 반자성을 갖는 것이다. 이를 이용하면 열차를 공중 부양시켜 선로와의 마찰력이 없이 고속으로 달릴 수 있다.

자기부상열차는 자석의 척력과 인력을 이용하는 반발식과 흡인식이 있다. 반발식은 코일을 감은 레일과 그 위로 자석이 장착된 차체가 같은 극일 때 척력에 의해 뜬 후, 전자기 유도에 의해 레일의 극이 바뀌면서 인력에 의해 앞으로 이동한다. 흡인식은 차체 아래쪽에 부착된 전자석에 전류가 흐르면 레일과의 인력에 의해 뜨며 반발식과 같은 원리로 이동한다. 모두 리니어 모터를 사용하여 앞으로 나아간다.

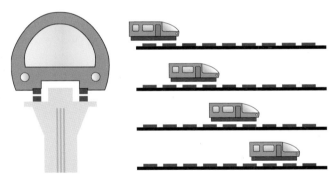

반발식 자기부상열차의 원리(━N극 ━S극)

리니어 모터

일반 회전형 모터를 축 방향으로 잘라서 펼쳐놓은 직선형 모터로서 회전운동을 발생시키는 모터와는 달리 직선 방향으로 미는 추력을 발생시킨다.

자기부상열차는 친환경적이며 수송 능력이 뛰어난 꿈의 운송 수단이다. 그러나 영구 자석은 자력이 약하고, 에나멜선 전자석은 강한 자기장을 만들기 위해 전기를 흘려보내면 코일이 녹아버린다. 따라서 초전도체 전자석은 꿈을 현실로 바꿀 수 있는 최첨단 재료이다. 현재 상하이 자기부상열차와 인천공항 자기부상열차가 운행 중이다.

4차산업 혁명의 핵심 기술로 부상하고 있는 드론으로 열차를 선로 위로 띄울 수는 없을까? 드론은 4개의 프로펠러가 고속으로 회전하면서 발생한 양력으로 작용과 반작용의 법칙에 의해 떠오른다. 자기부상과 드론의 원리를 이용한 자기드론부상열차는 불가능한 상상만은 아닌 것이다.

최근 미래형 교통수단으로 서울과 부산을 20분 안에 주파할 수 있는 음속 하이퍼루프가 개발되고 있다. 이것은 완전히 밀폐된 터널 안의 기압을 낮춰서 공기 저항을 줄인 뒤 열차를 쏘아 날리는 것으로, 전기차 업체 테슬라와 민간우주로켓회사 스페이스X의 창업자인 엘론 머스크(1971~)가 주도하고 있다. 열차와 선로 사이의 마찰력뿐만 아니라 공기의 마찰력도 없애는 것이다. 인류의 상상력은 무한질주하고 있다.

🔬 YAG 레이저

Y-Ba-Cu-O 고온 초전도체의 핵심 원소, 39번 이트륨의 주요한 용도는 YAG(Yttrium Aluminum Garnet) 결정을 사용하는 레이저였다. YAG는 보석인 석류석Garnet과 비슷한 구조를 갖는 $Y_3Al_5O_{12}$ 단결정이다.

YAG 결정에 희토류 금속을 첨가하면 강력한 레이저를 만들 수 있다. YAG 레이저는 두꺼운 철판을 자르거나 용접할 수 있어 산업용이나 레이저 쇼와 레이저 치료, 레이저 무기 등에 이용된다. 특히 네오디뮴을 첨가한 녹색의 YAG 레이저는 레이저 쇼에서 많이 사용되고 있다.

고온 초전도체가 적용된 최첨단 장비

인공태양

자기공명영상장치

자기부상열차

수퍼컴퓨터

입자가속기

Neodymium, 60Nd

전자석의 원조인 자석의 역사는 그리스 시대를 거슬러 올라간다. 당시에 쇠붙이를 싣고 지중해를 항해하던 배들은 자철석이 많은 터키의 마그네시아 섬 근처에 가기만 하면 섬으로 끌려갔다. 자석(magnet)은 마그네시아에서 유래한다. 지구도 내부의 외핵에 자성체가 대류에 의해 흐르면서 자기장을 형성하기 때문에 나침반은 북극과 남극을 가리킨다.

남쪽을 가리키는 철, 지남철(指南鐵)로 만든 나침반은 화약, 인쇄술과 함께 중국의 3대 발명품 중 하나이다. 12세기 아랍을 거쳐 유럽으로 전파된 나침반을 이용한 항해술은 15세기 콜럼버스(1451~1506)와 마젤란(1480~1521)의 대항해 시대를 열었고 역사의 중심은 동아시아에서 유럽으로 빠르게 이동했다. 오늘날 서양 중심의 경제는 중국의 나침반에서 비롯되었다고 해도 과언이 아니다.

🧲 자석의 원리

공간을 통해 보이지 않는 힘으로 서로 밀고 당기는 자석은 고대로부터 신비한 물체였다. 그 원리는 무엇일까?

태양 주위를 공전과 자전하는 지구처럼 원자 내에서 핵 주위를 공전과 자전하는 전자는 자전 방향에 따라 우선 스핀(N극)과 좌선 스핀(S극)으로 나뉜다. 따라서 홀전자를 가진 금속들은 전자가 움직일 때 흐르는 전류에 의해 자기장을 형성하는 자석으로 작용한다. 반면에 쌍을 이룬 전자는 자기장이 상쇄되어 자성을 띠지 않는다.

그러나 모든 금속이 자석에 붙지는 않으며, 금속에 따라 자석에 끌리거나 밀쳐진다. 자성체는 자성에 따라 강자성체, 상자성체, 반자성체가 있다. 강자성체(철, 코발트, 니켈)는 무질서한 홀전자들이 자기장하에서 정렬되어 강한 자성을 띠며, 이 자성은 자기장을 제거해도 그대로 남아 영구 자석이 된다. 상자성체(알루미늄, 백금)는 자기장하에서 약한 자성을 띠며 자기장을 제거하면 사라진다. 반자성체(금, 은, 구리, 물)는 쌍을 이룬 전자들이 자전이 아닌 공전에 의해 자기장과 반대 방향의 약한 자성을 띠며, 자기장을 제거하면 자성을 잃는다.

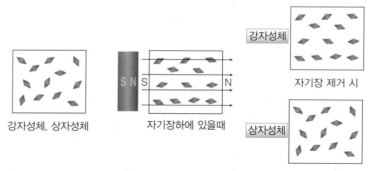

자기장하에 있을 때와 자기장 제거 시 강자성체와 상자성체 자성의 변화

🔩 환경 비타민

화석연료의 사용을 줄이고 에너지 효율을 높이기 위해 만든 친환경 하이브리드 카에서 전력 소모가 많은 것은 전동기이다. 자석에 의해 성능이 좌우되는 전동기는 페라이트(Fe_3O_4) 자석을 60번 네오디뮴이 주성분인 네오디뮴 자석(NdFeB)으로 대체하면서 크게 향상되었다. 그러나 네오디뮴 자석은 잘 깨지며 녹이 잘 슨다. 특히, 전동기에서 발생하는 열은 네오디뮴 자석의 성능을 떨어뜨린다.

이 문제를 해결한 것은 66번 디스프로슘을 첨가한 네오디뮴 자석이었다. 고온에서도 자성이 뛰어난 이 자석은 발전기나 하이브리드 카의 모터 효율을 크게 향상시켰다. 하이브리드 카에 네오디뮴 2 kg, 디스프로슘 100 g 정도가 사용되면서 디스프로슘의 수요가 급증하고 있다. 특히 희토류 원소들은 중국 등 일부 국가에서만 생산되고 있다. 중국이 일본과의 센카쿠 열도 분쟁(2014년)을 계기로 희토류 공급을 대폭 줄이면서 양국 간 무역 마찰이 발생하기도 했다.

🔩 프레온은 가라

에어컨에서 전동기와 함께 중요한 것은 냉매이다. 에어컨은 프레온 냉매가 증발기에서 기화될 때 주위의 열을 빼앗아 온도를 내린다. 세수를 하면 물이 기화되면서 시원한 것과 같다. 기화된 냉매는 압축기에서 응축될 때 액화열을 내놓고, 이 열은 방열기에서 주위로 방출된다.

암모니아 냉매를 대체한 프레온은 클로로플루오르카본(CFC)의 상표명으로 인체에 독성이 없고, 가연성 및 부식성이 없는 기체이다. 메테인과 구조가 같은 프레온은 쉽게 기화 및 액화된다. 그러나 프레온은 매우 안정하기 때문에 분해되지 않고 성층권까지 올라가 자외선에 의해 분해되어 염소 원자를 내놓는데, 이 염소가 반복해서 오존을 파괴한다. 프레온을 대체하기 위하여 일부 염소를 수소로 치환한 HCFC 계열 냉매도 오존층을 파괴하며, 염소가 없는 HFC 계열 냉매는 지구온난화를 유발한다.

그렇다면 '날개 없는 다이슨 선풍기'처럼 혁신적인 '냉매 없는 냉장고'는 없을까? 그 방법 중 하나는 자기장에 따라 온도가 달라지는 자성체를 이용한 자기냉각기술로서 자성체의 자화와 탈자를 이용하는 것이다. 자기 냉장고는 자기냉동 물질인 가돌리늄 합금 자성체를 채운 바퀴를 영구자석 사이에서 회전시키면서 열을 교환시켜 온도를 낮춘다. 냉매 없는 냉장고, 날개 없는 선풍기, 바퀴 없는 열차, 날개 없는 비행기 등의 기술 혁신은 엉뚱한 상상에서 시작되는 것이다.

🔬 도시 광산

최첨단 기술 개발에는 신소재가 필수적이다. 그러나 한정된 매장량과 일부 지역에 편중된 자원으로 인해 중국이 희토류를 무기화했던 것처럼 희소 금속을 둘러싼 국가 간의 자원 전쟁이 일어나기도 한다. 이에 환경보호를 위해 자원을 재활용하는 도시 광산 개발의 중요성이 부각되고 있다.

도시 광산은 도시나 공장에서 버려진 산업 폐기물과 휴대폰, 자동차 등에서 희유 금속과 구리, 아연 등 금속광물을 추출하는 산업이다. 폐기된 휴대폰 1 톤에서 회수할 수 있는 금은 금광석 20 톤에서 생산할 수 있는 양과 같은 400 g이며, 이외에도 다양한 금속이 회수된다. 버려진 것이 버려진 것이 아닌 것이다.

패러데이(1821~1867) 이전의 전기는 마찰과 볼타전지에 의한 것이었다. 그러나 도선 주위의 자석을 움직이거나 자석 주위의 도선을 움직여 자기장을 변화시키면 도선에 전류가 흐른다는 전자기 유도 법칙의 발견은 전기를 쉽게 생산할 수 있게 했다. 발전기는 코일의 가운데 자석이나 전자석의 가운데 코일을 회전시키며, 회전시키는 힘에 따라 수력, 화력, 원자력 발전 등으로 구분한다.

전자기 유도는 변압기에도 적용된다. 가까이 있는 두 도선 중 하나가 교류에 의해 도선 주위의 자기장이 변하면, 다른 도선에 전류가 흐른다. 이 원리를 이용한 것이 변압기이다. 코일에 생기는 전류의 크기와 전압은 코일의 감은 수에 따라 조절할 수 있다.

발전소에서 도시로 전기를 보내는 동안 도선의 저항에 의해 손실이 생긴다. 이러한 전기의 손실을 적게 하려면 발전소에서 도시 근처까지는 높은 전압으로 보내고, 가정이나 공장에는 변압기로 안전한 낮은 전압으로 바꿔서 보내야 한다. 패러데이에 의해 전기문명이 시작된 것이다.

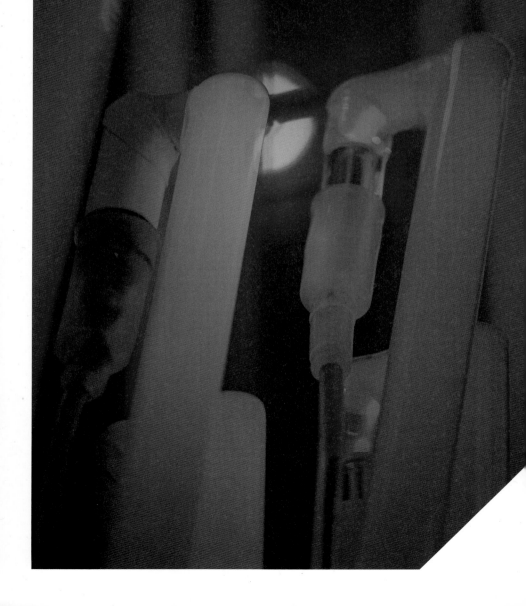

24

게으른
녀석

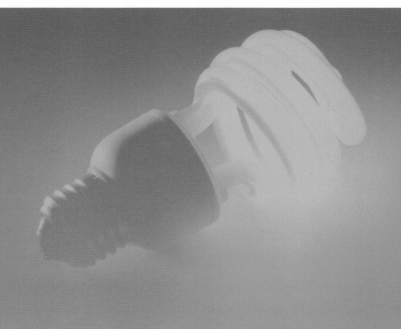

Neon, 10Ne / Argon, 18Ar

철이 자석에 붙는 것은 둘 사이에 자기력이 작용하기 때문이다. 원소들도 서로 작용하는 힘에 따라 다양한 화합물들을 형성한다. 그러나 원소의 주기율표 오른쪽 끝에는 게으른 원소 6형제가 있다.

수소를 발견한 캐번디시(1731~1810)는 병적일 정도로 내성적이었다. 그가 하녀를 고용하는 조건은 단 하나, 자신과 마주치지 않아야 한다는 것이었다. 그는 쪽지로 지시했으며, 다른 출입구를 이용했다. 그의 업적들도 대부분 맥스웰(1831~1879)이 찾아낸 것이었다. 심지어 그는 양전하와 음전하 사이에 작용하는 힘은 거리의 제곱에 반비례한다는 사실을 쿨롱(1736~1806)보다 먼저 발견했으나 발표하지 않았다. 1785년, 그는 공기 중에서 안정한 1%의 기체를 발견했다. 그러나 그 정체는 100년 후에야 밝혀졌다. 무엇이었을까?

⚛ 아르곤의 형제

1892년, 레일리(1842~1919)와 램지(1852~1916)는 질소 화합물에서 얻은 질소보다 공기에서 분리한 질소가 더 무거운 것으로부터, 캐번디시의 안정한 1%의 기체는 18번 아르곤이었음을 발견했다. 그것은 일하지 않는 게으른 원소였다.

1893년, 램지는 태양에만 존재하는 것으로 알려졌던 아르곤의 형제인 헬륨을 우라늄 광석에서 발견하였다.

아르곤과 헬륨을 주기율표에 채우자, 원자번호 10, 36, 54, 86번의 자리가 비게 되었다. 램지와 트래버스(1872~1961)는 계속해서 공기 중에서 10번 네온, 36번 크립톤, 54번 크세논을 분리하여 노벨상을 수상(1904년)하였다. 이들은 각각 '새로운, 숨겨진, 이국적'이란 뜻의 라틴어에서 유래한다. 1910년에 마지막 비활성 기체인 86번 라돈의 발견으로 주기율표는 현재의 모습을 갖추게 되었다.

폐암과 라돈

독일의 슈네베르크에서는 16세기에 광산을 연 이래로 원인불명의 괴질이 유행했다. 광부들은 대부분 35살 이전에 사망했으며 갱도에 들어간 적이 없는 주부들도 광부들과 비슷한 증세로 사망하기 시작했다. 무슨 일이 일었던 것일까?
원인은 폐암이었다. 라듐의 붕괴로 생기며 라듐과 함께 있는 기체라는 뜻의 라돈은 기체 원소들 중 가장 무겁다. 광산은 폐쇄되었지만, 방사성 기체인 라돈이 지하실을 통해 집안으로 스며들었다. 이 라돈을 흡입하면서 오염된 먼지가 폐에 달라붙은 것이다.
따라서 지하실처럼 밀폐된 공간은 자주 환기해야 한다. 실제로 비흡연자 폐암의 원인으로 간접흡연, 석면, 폐질환과 함께 라돈이 주목받고 있다. 공기 중 라돈의 농도는 지반에 있는 우라늄이나 토륨의 양에 따라 다르며, 일부 지하철 역에서는 기준치보다 높게 검출되기도 한다.

⚛ 규칙을 찾아서

아리스토텔레스는 만물의 변화를 온도와 습도에 따른 물, 불, 공기, 흙의 4원소설로 설명했지만, 다양한 원소들의 발견으로 과학자들은 이들을 새로 분류하기 시작했다. 라부아지에는 33개 원소들을 네 개의 그룹으로 나누었다. 1800년대 초, 데이비(1778~1829)가 알칼리 및 알칼리 토금속 원소를 발견하면서 원소는 49개로 늘어났고, 이들 각각으로부터 만물의 변화를 설명하기에는 그 수가 너무 많았다. 만물의 변화를 설명하기 위해서는 이들 사이의 단순한 패턴이 있어야 했다.

프라우트(1785~1850)는 원자량이 수소의 정수 배에 가까운 것에서 원소들은 수소로 이루어졌다고 주장했다. 1817년, 되베라이너(1780~1849)는 성질이 비슷한 '세 쌍 원소'인 '칼슘, 스트론튬, 바륨'과 '염소, 브로민, 아이오딘'에서 스트론튬과 브로민의 원자량은 그들의 중간임을 알았다. 뉴런즈(1837~1898)는 원소들을 원자량 순서로 배열하면 8번째에 성질이 비슷한 원소가 나타난다는 '옥타브 법칙'을 주장했다. 베일에 싸였던 원소들 사이의 패턴이 하나씩 드러나기 시작했다.

⚛ 주기율표

분젠(1811~1899)과 키르히호프(1824~1887)의 분광기로 새로운 원소들이 발견되면서 원소는 63개로 늘어났다. 이들 사이의 패턴, 원소들의 공통 언어를 발견한 사람은 멘델레예프(1834~1907)였다. 1869년, 그는 원소들을 원자량 순서로 배열하고 그 다음 줄에는 비슷한 성질을 갖는 원소들을 배열한 주기율표를 발표하였다. 즉, 리튬 아래 열에는 나트륨과 칼륨, 마그네슘 아래에는 칼슘, 스트론튬처럼 화학적 성질이 비슷한 원소를 배열한 것이다.

원소들의 규칙성을 찾으려 했던 다른 사람들과는 달리 멘델레예프는 성질이 비슷한 원소가 없으면 빈 칸으로 남긴 채 화학적 성질이 비슷한 그 다음 칸에 배치하였다. 많은 사람들이 이를 인위적이라 비난했으나, 멘델레예프는 더 나아가 세 개의 빈 칸에 채워질 원소의 원자량과 성질을 예상하여 발표했다. 곧이어 예상했던 21번 스칸듐, 31번 갈륨, 32번 게르마늄이 발견되면서 주기율표는 인정받게 되었다.

14 형제의 막내인 멘델레예프의 천재성을 발견한 사람은 어머니였다. 그녀는 아들을 위해 목숨을 걸고 우랄 산맥을 넘어 그를 페테르부르크 대학에 입학시켰다. 어머니의 희생과 결단으로 주기율표를 만든 멘델레예프는 101번 멘델레븀으로 주기율표와 함께 영원히 남아 있다.

게으른 녀석, 일내다

그러나 아르곤은 주기율표에 새로운 문제를 던졌다. 18번 아르곤의 원자량이 19번 칼륨보다 더 큰 것이었다. 원소의 주기성에 확신을 가졌던 멘델레예프는 이를 원자량 측정의 오류로 생각하고, 화학적인 성질에 따라 아르곤을 칼륨보다 먼저 배열했던 것이다.

그러나 원자량은 정확했다. 무엇이 문제였을까? 그것은 원소의 화학적 성질은 양성자와 중성자의 합인 원자량이 아니라, 양성자수 혹은 전자수에 따르기 때문이었다. 아르곤은 칼륨보다 양성자는 적었지만 중성자가 많아 무거웠으나 당시에는 원자핵조차 알려지지 않았었다.

블레이크(1870~1926)는 원자핵이 전자수와 같은 양전하를 갖는 것을 발견하여 원자번호의 개념을 제안하였다. 이에 영감을 받은 모즐리(1887~1915)는 각 원소에서 방출하는 고유한 X-선 진동수가 원자번호의 제곱에 비례하는 것에서 원자번호 즉 양성자수를 기준으로 하는 주기율표를 주장하였다. 이에 따르면 아르곤은 18번, 칼륨은 19번이었다. 모즐리의 법칙에 따라 72번 하프늄(Hf), 43번 테크네튬(Tc), 61번 프로메튬(Pm), 75번 레늄(Re) 등이 차례로 확인되었다.

그러나 제1차 세계대전 중 영국 공병대에 자원입대한 모즐리는 재능을 꽃피우지 못한 채 27세의 나이로 전쟁의 포연 속으로 사라지고 말았다. 그는 노벨상의 목전에서 최후를 맞이한 비운의 과학자였다. 심지어 시그반(1886~1978)이 노벨상을 수상(1942년)한 것은 모즐리가 측정하다 남긴 원소의 X-선 파장을 정확하게 측정한 공로였다.

게으른 이유

아르곤은 왜 게으를까? '핑계 없는 무덤 없다'는 속담처럼 게으름에도 그 이유가 있다.

원자들은 일정한 규칙에 따라 금속과 비금속의 이온결합, 비금속들끼리의 공유결합, 금속들끼리의 금속결합 화합물을 형성한다.

이들이 화합물을 형성하는 것은 최외각 전자껍질에 전자가 8개인 아르곤처럼 전자를 완전히 비우거나 채워서 안정한 상태가 되려는 경향성에 있다. 탄소는 결합에 필요한 네 개의 전자가 있어 전자가 하나인 수소 네 개와 메테인(CH_4)을 형성한다. 또한 전자가 다섯 개인 질소는 수소 세 개와 결합하여 NH_3를 만든다. 즉 이처럼 원자들의 최외각 전자껍질이 8개를 채워 안정하게 되는 것을 옥테트 규칙이라 한다.

비활성 기체와 모즐리에 의해 주기율표는 완성되었고 원소에 대한 이해의 폭은 넓어졌다. 결국 원소들은 비활성 기체처럼 안정한 상태가 되려고 한다. 나트륨은 최외각 전자 하나를 내놓아 네온처럼, 염소는 최외각 전자 하나를 받아 아르곤처럼 된다. 모든 원소는 아르곤처럼 게으르지만 안정한 원소가 되고 싶은 것이다.

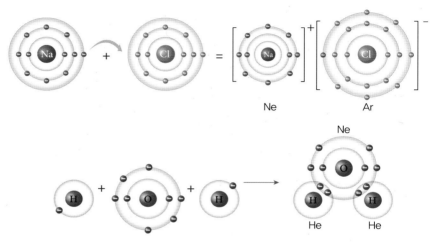

이온결합 화합물(NaCl)과 공유결합 화합물(H₂O)의 형성

🔬 네온사인

게으른 원소 형제들도 가끔은 일을 한다. 클로드(1870~1960)는 네온을 채운 유리관에 높은 전압을 가할 때 주황색 빛을 내는 네온사인을 발명했다.

네온사인의 원리는 무엇일까? 유리관 안에 기체를 넣고 높은 전압을 가하면, 음극에서 양극으로 이동하는 전자와의 충돌에 의해 생성된 기체 양이온은 높은 에너지를 갖는다. 이 기체 양이온이 전자와 재결합하면서 에너지를 빛으로 방출하는 것이다. 이 에너지는 기체마다 달라서 네온은 적색, 아르곤은 자주색, 질소는 황색, 수은은 청록색을 띤다. 아이러니하게도 게으른 원소가 휴식해야 할 밤을 환하게 밝힌다. 게다가 백열등과 형광등에도 아르곤이 채워져 있다. 아르곤은 자신은 게을러도 남이 게으른 것을 못 참는 심술궂은 원소인 것이다.

그러나 역사학자 에밀 루트비히(1881~1948)가 "프로메테우스가 불을 발견한 이후 인류는 두 번째 불을 발견한 것이다. 인류는 이제 어둠에서 벗어났다."라고 극찬한 백열등의 발명은 네온사인에 비할 바가 아니었다.

$\bullet\ \bullet\ \bullet\ \bullet\ \bullet$

주기율표의 역사

아리스토텔레스의 4원소설
만물의 기본 원소는 물, 불, 공기, 흙의 4원소

라부아지에의 33원소설(1789년)
세상의 원소는 빛, 열, 산소, 탄소 등의 33개의 원소로 구성

되베라이너의 세쌍원소설(1829년)
칼슘, 스토론튬, 바륨과 같은 세 쌍의 원소들에서 스트론튬의 물리량은 칼슘과 바륨의 평균

뉴랜즈의 옥타브설(1864년)
원소들을 원자량 순으로 배열하면 8번째 원소마다 비슷한 성질의 원소가 나타난다.

멘델레예프의 주기율표(1869년)
원소들을 원자량 순으로 나열하고 발견되지 않은 원소를 빈 자리로 둔 주기율표를 제안

모즐리의 법칙(1913년)
원소의 화학적 성질은 양성자수(전자수)에 따라 달라진다.

2|5

건달불

Tungsten, *74W*

"저는 더 이상 이 아이를 가르칠 수 없습니다. 아무래도 이 아이는 지능이 모자란 것 같아요."

호기심이 많고 자립심이 강했던 에디슨. 선생님마저 포기했지만 그는 집념의 발명가였다. 그에게 실패란 실패의 원인을 발견한 성공적인 실험이었다. 축음기, 영사기, 백열전구와 같은 1,000여 개가 넘는 그의 발명품은 우리의 삶의 질을 완전히 바꾸었다. 심지어 다리미, 토스터, 고데기, 냉장고 등도 그가 발명한 것이다.

아르곤과 네온을 채운 네온사인이 밤거리를 밝게 수놓았지만, 그 이전에 밤을 밝힌 것은 탄소와 74번 텅스텐 필라멘트를 이용한 백열전구였다. 계속해서 테슬라의 형광등에는 80번 수은이, 나카무라 슈지의 청색 발광다이오드(LED)에는 31번 갈륨이 있었다. 텅스텐, 수은, 갈륨은 빛나리 삼총사였다.

🔬 백열전구

프로메테우스의 첫 번째 불 이후 두 번째 불을 발명한 사람은 데이비였다. 그는 아크[63]등으로 파리의 콩코드 광장을 환하게 밝혔다. 그러나 아크등의 필라멘트는 강한 불빛과 함께 금방 타버렸다. 더 안정한 두 번째 불은 없을까?

백열전구의 핵심은 높은 온도에서도 오랫동안 견디는 필라멘트를 찾는 것이었다. 1879년, 마침내 에디슨 연구소의 밤은 탄소 필라멘트 백열전구로 대낮처럼 밝아졌다. 그는 종이, 백금, 머리카락 등 수많은 재료들을 시험한 끝에 일본 교토의 대나무로 만든 탄소 필라멘트로 40여 시간 동안 백열전구를 밝힌 것이었다.

백열전구는 전류가 흐를 때 필라멘트의 저항에 의해 2,500도 이상으로 가열되면서 열복사선 즉, 빛을 낸다. 1910년, 쿨리지(1873~1975)는 녹는점이 3,410도인 74번 텅스텐 필라멘트로 백열전구의 수명을 크게 향상시켰다. 초기에는 텅스텐의 산화를 막기 위해 전구 안을 진공으로 만들었으나 텅스텐의 기화로 흑화현상이 나타났다. 이후 질소와 아르곤 혼합 기체를 채우면서 전구의 유리벽은 종이처럼 얇아지게 되었다.

콩기름, 돼지기름 등의 등잔불을 사용했던 조선은 놀랍게도 백열전구가 발명된 지 불과 8년 후인 1887년에 750개를 경복궁에 설치했고, 1898년에 한성전기주식회사를 설립하였다. 신문물에 대한 개화사상이 널리 퍼지면서 가능한 일이었다. 그러나 백열전구는 자주 꺼지고 유지비가 많이 들어 '건달불'로 불렸다.

---

63. 아크
낮은 전압이 걸려 있는 전극 사이에 많은 전류를 흘리면 전극이 가열되어 열전자를 방출해 강렬한 빛을 내는 현상

숙명의 라이벌

미적분의 라이벌, 뉴턴(1642~1727)과 라이프니츠(1646~1716)처럼 에디슨과 테슬라(1856~1943)는 발명의 라이벌이었다. 에디슨 연구소에서 무선통신, 라디오, 리모컨, 전자레인지 등을 발명한 테슬라는 에디슨에 버금가는 발명가였다.

그러나 그들의 관계는 교류 전기의 개발로 인해 금이 가기 시작했다. 테슬라는 에디슨의 제안에 따라 전기를 효과적으로 전달할 수 있는 교류를 발명했지만 에디슨은 인정하지 않았다. 그들은 직류와 교류를 두고 서로 물러서지 않는 전쟁을 벌였다. 교류는 고전압으로 전기를 효율적으로 전송할 수 있었으나, 이미 직류 시스템에 많은 투자를 한 에디슨의 선택은 직류였다.

테슬라의 선택은 무엇이었을까? 그는 에디슨의 곁을 떠났고, 교류 특허들을 웨스팅하우스사에 넘겼다. 1895년, 마침내 웨스팅하우스사가 나이아가라 폭포에 수력발전소를 건설하면서 교류는 빛을 발하기 시작했다. 에디슨은 교류로 동물을 죽이는 공개 실험을 하고 교류를 사형 의자에 사용하는 등 교류에 대한 부정적인 이미지를 대중들에게 각인시키려 했다. 하지만 승자는 테슬라였다. 현대의 전기 문명은 교류 시스템 위에 세워지게 된 것이다.

형광등

백열전구의 효율은 5%에 불과하며 대부분은 열로 소모된다. 1891년, 테슬라는 60 Hz의 전기를 수천 Hz의 고주파로 바꾸며, 수십만 볼트의 전

STOP

압을 발생시키는 테슬라 코일로 형광등을 발명했다. 수은 증기[64]와 아르곤을 채워 밀봉한 형광등에 높은 전압을 걸 때 수은이 음극에서 나온 전자와 충돌한다. 이 때 나온 자외선이 유리관의 형광물질을 자극하여 빛이 나오고 이것들이 합쳐져서 백색광을 낸다. 형광등은 스타터인 점등관의 방전에 의해 켜진다. 초기에는 점등관이 오래되면 형광등이 잘 켜지지 않아 '센스가 없거나 반응이 느린 사람'을 '형광등'에 비유하기도 했다.

형광등은 왜 깜박일까? 가정용 전원은 60 Hz의 교류로 형광등은 1초에 60번씩 깜박이지만, 눈은 잔상 효과 때문에 20번 이상의 깜박임을 인식할 수 없다. 형광등의 수명이 다하면 방전이 제대로 되지 않아 깜박임이 보인다. 그러나 효율이 낮은 백열전구와 수은에 의한 환경오염을 일으키는 형광등은 생산이 중단되었다. 이들도 세월을 비껴갈 수는 없었다.

🔵 LED

이들을 대체한 차세대 광원은 광반도체(LED)였다. 빛을 전기로 바꾸는 태양전지와는 달리, P형-과 N형-반도체를 접합한 LED는 전기를 빛으로 바꾸는 반도체로 적색과 녹색 LED는 쉽게 개발되었다. 세상과 미래를 밝힐 블루오션은 총천연색을 만들기 위한 빛의 삼원색(RGB) 중에 남은 청색의 빛을 내는 반도체였다. 대부분은 셀렌화아연(ZnSe)을 집중적으로 연구하였지만 뒤늦게 LED 개발에 뛰어든 형광등 회사인 니치아 화학의 연구원 나카무라 슈지(1954~)[65]가 선택한 것은 남들이 가지 않는 길, 질화갈

---

64. 수은 증기
수은이 금속들 중에 결합력이 가장 약해서 열에 의해 쉽게 기화된다.

65. 나카무라 슈지
좋아하는 일만 해라, 나카무라 슈지(예영준), 사회평론, 2004

륨(GaN)이었다. 그는 자신이 만든 장비로 청색 질화갈륨 반도체를 개발
했다. 실리콘 반도체의 변방에 있던 갈륨이 화려하게 등장한 것이다.

그러나 그가 회사에서 받은 보상은 20여만 원의 장려금과 과장 승진이
었다. 1999년, 그는 자신의 발명에 대한 대우와 폐쇄적인 학계에 실망하여
캘리포니아 대학으로 옮겼다. 2001년, 그는 니치아 화학을 상대로 1심 소
송에서 2,200억 원의 배상 판결을 받았지만, 2심에서 제시한 90억 원의 보
상금에 합의하고 소송을 끝냈다.

LED는 백열등의 20% 정도의 전력으로, 하루 10시간씩 30년 이상 사용
할 수 있는 '고효율, 저전력, 장수명' 광원이다. 또한 LED는 중금속이 없는
친환경 소자로서 색상, 온도, 밝기 등을 쉽게 제어할 수 있어 다양한 기능
과 디자인이 필요한 대형 화면에서 각광을 받고 있다. 백열전구, 형광등에
이어 LED로 세상은 더 밝아지고 있는 것이다.

• • • • •

조명의 역사

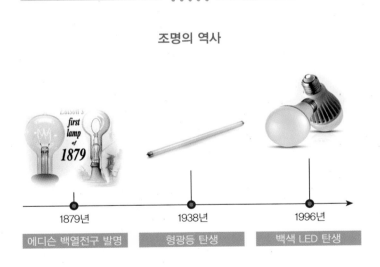

1879년	1938년	1996년
에디슨 백열전구 발명	형광등 탄생	백색 LED 탄생

작은
불꽃 하나

Cesium, 55Cs

백열전구 이전에 세상을 낮과 밤으로 나눈 것은 태양이었다. 아리스토텔레스에게 작열하는 태양 빛은 순수한 백색이었으며 물체의 색깔은 백색광이 변한 것이었다.

뉴턴(1642~1727)은 달랐다. 그는 작은 구멍을 통해 어두운 방안으로 들어온 빛을 프리즘을 통해 무지개 색깔로 분산시킨 후, 다른 프리즘으로 다시 백색광을 만들었다. 또한 분산된 색깔 중에서 빨간색만 프리즘을 통과시키면 그대로 빨간색이었다. 뉴턴은 이중 프리즘 실험으로 빛은 무지개 색깔의 빛이 섞인 백색광임을 증명한 것이다.

빛은 왜 무지개 색깔로 분산될까? 빛은 통과하는 매질에 따라 속도가 달라져 굴절되는데, 빛의 파장에 따라 굴절각이 달라 무지개 색깔로 분산된다. 이후 프리즘은 분젠(1811~1899)과 키르히호프(1824~1887)의 분광기[56]에서 우주의 비밀을 밝혀내고 있으며, 이 분광기로 발견한 55번 세슘은 인류의 시간을 결정하는 원소가 되었다.

---

66. 분광기
분광이란 빛을 여러 색깔로 나누어 놓은 것으로 빛의 스펙트럼이라고도 한다.

🔬 프라운호퍼선

숭배의 대상이었던 태양은 인류의 상상력과 호기심을 자극하였다. 태양은 무엇으로 만들어졌을까?

1802년, 태양 스펙트럼을 조사하던 울러스턴(1766~1828)은 프리즘을 통과한 무지개 색깔의 스펙트럼 위에 검은 띠들이 겹쳐진 것을 발견했다. 1814년, 프라운호퍼(1787~1826)는 망원경으로 확대하여 574개의 검은 띠, 프라운호퍼선을 찾아냈다. 이들의 정체는 무엇일까?

🔬 불꽃반응

1844년, 루테늄 이후 새로운 원소는 발견되지 않고 있었다. 모든 원소를 찾은 것일까?

분젠(1811~1899)은 광천수를 불꽃반응으로 분석하고 있었다. 불꽃반응은 금속 원자가 불꽃에서 고유한 색을 나타내는 것으로 나트륨은 강한 노란색 불꽃을 낸다. 이것은 열에 의해 들뜬 전자들이 안정한 상태로 전이하면서 방출하는 선스펙트럼으로, 원자마다 에너지 준위가 다르기 때문에 다른 색을 나타낸다.

그러나 알코올램프는 온도가 낮았고, 가스버너는 너무 높아서 원소의 색깔을 확인하기가 어려웠다. 그는 금속 버너 원통에 가스 공급 관을 연결하여 구멍을 낸 분젠 버너를 발명했다. 이 버너에 가스가 공급되면 베르누이(1655~1705)의 원리에 의해 구멍으로 공기가 빨려 들어갈 때 구멍의 크기로 불꽃을 조절하여 원소를 확인할 수 있었다. 그러나 혼합물은 어떻게 할까? 고민하던 그에게는 키르히호프(1824~1887)가 있었다.

분젠이 색유리로 불꽃반응을 관찰하는 것을 본 키르히호프는 뉴턴이 사용했던 프리즘을 떠올렸다. 그들은 프리즘과 망원경을 조합하여 만든 분광기로 광천수를 조사하기 시작했다. 1860년, 마침내 뒤르크하임 광천수에서 청색 띠를 내는 원소를 발견하여 청색을 뜻하는 55번 세슘으로 명명했다. 원소들은 지문처럼 고유의 선스펙트럼을 갖고 있었던 것이다.

화학자이며 장신인 분젠과 물리학자이며 단신인 키르히호프, 그들의 융합적 지식과 사고는 과학의 발전에 혁신적인 분광기를 탄생시켰다. 이어서 탈륨, 인듐, 칼륨, 스칸듐, 게르마늄과 핵분열의 시대로 이끈 원소 라듐이 분광기로 확인되었다.

베르누이 원리

'유체가 빠르게 움직이면 압력은 낮아진다'는 원리로 두 장의 종이 사이로 바람을 불면 종이 사이의 압력이 낮아져 바깥에서 안으로 종이를 미는 힘이 작용한다. 배도 나란히 항해하면 배 사이의 물이 빨라져 바깥에서 안으로 미는 힘이 작용하기 때문에, 계속 항해하면 배의 옆면이 충돌할 수 있다. 차가 빠르게 지나갈 때 몸이 차에 끌리는 것도 같다.

비밀의 열쇠, 프리즘

불꽃반응에서 나타나는 스펙트럼과 프라운호퍼선의 위치는 같았다. 즉, 불꽃반응은 에너지를 흡수한 원자가 에너지를 방출하면서 밝은 빛을 내지만, 프라운호퍼선은 태양 빛이 대기 중의 원소에 흡수되어 어둡게 나타난다. 이것은 백색광과 프리즘 사이에 원소를 두면 빛을 흡수하면서 그 원소의 띠가 점차 어두워지는 것으로 확인되었다.

1861년, 그들은 프라운호퍼선과 불꽃반응의 원소 스펙트럼으로부터 태양과 지상의 원소가 같은 것을 확인했다. 1868년, 개기일식을 관측하던 피에르 장센(1824~1907)은 불꽃반응에서는 발견되지 않는 띠를 발견했다. 그들은 이 원소를 태양신 헬리오스로부터 헬륨으로 명명하였으나 헬륨도 우라늄 광석에서 발견되었다. 해 아래 새로운 원소는 없었다.

원소들의 지문, 선스펙트럼의 의미를 이해한 사람은 보어(1885~1962)였다. 그는 전자들이 원자핵 주위를 운동장 트랙처럼 정해진 궤도를 회전하는 에너지 상태에 있다고 생각했다. 즉 선스펙트럼은 전자들이 두 궤도 사이를 이동할 때 그 에너지 차에 해당하는 에너지를 흡수하거나 방출하면서 나타나는 것이었다.

분광기는 원소뿐만 아니라 원자의 구조를 밝히는 강력한 도구였다. 더 나아가 허블우주망원경에 설치된 분광기는 우주로부터 오는 빛을 이용해 우주 탄생의 비밀을 헤쳐 나가고 있다. 분광기는 원자론과 천체 물리학의 핵심 장비였으며, 그 안에는 빛을 무지개 색깔로 분산시키는 장난감 프리즘이 있었던 것이다.

🔬 시간을 결정하다

오래전부터 인류는 지구의 공전과 자전을 기준으로 한 태양시를 사용해 왔다. 거대 석상 80여 개로 이루어진 공중에 걸쳐 있는 돌, 영국의 스톤헨지도 해시계로 추정된다. 해시계는 막대를 지면에 꽂기만 하면 만들 수 있어 세계 곳곳에서 발견된다. 우리나라에서 그림자는 서쪽에서 정북을 거쳐 동쪽으로 지기 때문에 정북에서 막대 그림자까지 거리로 시간을 알 수 있다.

조선의 해시계는 어떨까? 장영실(1400~1450) 등이 만든 앙부일구는 그림자가 비치는 면이 가마솥처럼 오목한 반구형 해시계이다. '앙부'는 '하늘을 쳐다보고 있는 솥', '일구'는 '해의 그림자'라는 뜻이다. 시계 바늘인 영침은 북극을 가리키며 적도와 수직이다. 앙부일구는 24절기를 가리키는 가로줄 위선과 시각을 나타내는 세로줄 경선이 반구에 그어져 있다. 평면 해시계는 오전과 오후의 그림자가 길게 늘어지고 희미해서 시간을 정확하게 읽을 수 없지만, 앙부일구는 영침의 그림자가 항상 일정한 길이로 해당 절기의 눈금을 따라 움직이기 때문에 시간이 정확하다.

앙부일구는 시계보다 40~50분 빠르다. 그 이유는 세계 표준시는 그리니치 천문대를 지나는 본초자오선을 기준으로 정하는데, 우리나라의 표준시는 동경 135도로 서울은 동경 127도이기 때문이다. 또한 평균 태양시는 태양이 적도 위를 같은 속도로 회전한다는 가정 하에 결정되지만, 지구는 타원궤도로 공전하며 속도가 다르기 때문에 하루는 날짜와 위치에 따라 약간 다르다. 따라서 해시계는 현재 위치에서는 정확하나, 장소에 따라 달라 세계 표준시와 평균 태양시를 기준으로 시간을 정한다. 그러나 태양시를 결정하는 자전은 조석에 의한 마찰력 등으로 점차 느려져, 수 년마다 윤초를 더하여 보정한다. 과학기술의 발달은 훨씬 더 정확한 기준을 필요로 하는 것이다.

윤년, 윤달

1년은 지구가 태양을 공전하는 365.242일로서 약 365.25일이다. 따라서 4년마다 하루가 늘어나기 때문에 4로 나누어지는 해의 2월은 29일로 윤달이다. 시간이 흐르면서 0.25일과 0.242일 간의 차이로 인해 100으로 나누어지는 해를 제외한, 400으로 나누어지는 해에만 2월에 하루를 더했다. 즉 1600과 2000년은 윤달이 있지만, 1700, 1800, 1900년에는 윤달이 없다.

세슘 원자시계

시간은 빛의 특정 파장을 흡수하는 55번 세슘을 이용하여 정확하게 결정된다. 30만 년에 1초의 오차를 갖는 세슘 원자시계는 세슘이 마이크로

파를 흡수한 후 방출하는 복사선의 진동수로 시간을 정한다. 1967년, 국제 도량형총회에서 1초를 세슘 원자가 흡수하는 빛이 9,192,631,770번 진동하는 시간으로 정의하였다.

　시간이 정확하면 시간을 효과적으로 활용할 수 있다. 예를 들어 2명의 전화 연결에 전화선은 1개, 3명은 3개, 4명은 6개가 필요하며, 100명을 연결하려면 무려 4,950개가 있어야 한다. 하지만 수억 명이 휴대폰과 인터넷을 동시에 사용할 수 있는데, 이것은 시간을 나누어 쓰기 때문에 가능하다. 즉, 시간이 정확할수록 더 많이 분할할 수 있다. 예를 들어 0.1초의 정밀도를 갖는 시계는 1초를 10개로 나누지만, 0.001초의 정밀도라면 1,000개로 나누어 동시에 많은 사람이 사용할 수 있다. 따라서 많은 사람이 동시에 사용하려면 기지국들의 시간을 백만 분의 1초 이내로 정확하게 분할해야 하는 것이다.

　위성항법장치Global Position System, GPS는 여러 대의 인공위성에서 보내는 신호가 도달하는 시간 차이 즉, GPS 전파가 출발점에서 도착점까지 걸리는 시간으로 위치를 파악한다. 인공위성은 매우 빠르고 백만 분의 1초의 오차에도 실제 위치는 300 m 이상 차이가 나기 때문에 정확한 세슘 원자시계를 사용하고 있다.

낮은 곳으로

　특수상대성 이론에 의하면 속도가 빨라지면 시간은 느려진다. 예를 들어 로켓의 외부에서 관찰자가 볼 때, 로켓 안에서 바닥에 떨어뜨린 공이 바닥에서 천정에 닿는 길이를 1초라 한다면, 로켓이 움직이면 1초가 길어진다. 만약 로켓이 빛의 속도로 날아간다면 공이 바닥에서 천정에 닿는 길이도 무한대로 늘어나 정지한 것처럼 길어진다. 또한 일반상대성 이론에서는 중력이 클수록 시간은 느려진다. 지상에서의 영향은 거의 없지만, 단 1초라도 오래 살고 싶으면 낮은 곳으로 임해야 하는 것이다.

이처럼 시간은 움직이는 속도, 관찰자의 위치, 중력의 세기에 따라 다르다. 일반상대성 이론에 의하면 중력이 작은 인공위성에서는 하루에 45 μs 빨라지는 반면에, 특수상대성 이론에서는 초속 3.9 km의 속도로 공전하는 인공위성이 7 μs 느려지기 때문에 38 μs의 차이를 보정해야 한다. 전파는 38 μs 동안 11 km를 진행하기 때문에, 이 차이를 무시하면 내비게이션은 엉뚱한 곳을 가리킨다. 우리는 날마다 상대성 이론으로 보정된 내비게이션을 사용하며, 우리를 바른 길로 안내하는 길라잡이인 세슘 원자시계의 도움을 받고 있는 것이다.

• • • • •

시간 측정 도구의 발달

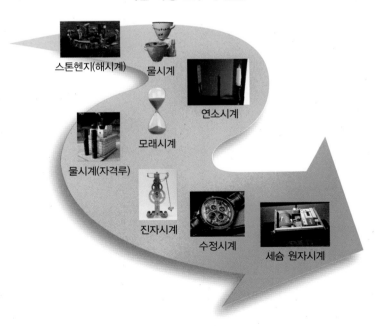

스톤헨지(해시계)　물시계

연소시계

모래시계

물시계(자격루)

진자시계

수정시계

세슘 원자시계

27

사라진
공룡

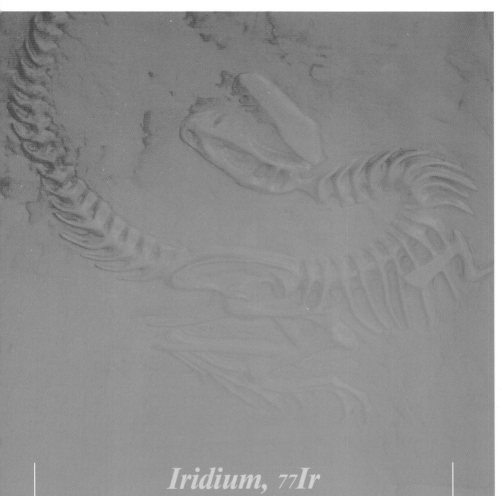

Iridium, ₇₇**Ir**

세상의 시간을 결정한 원소가 세슘이었다면, 길이와 무게의 표준을 정하는 도량형
(度量衡)[67]으로 국가의 경제 체계를 세운 원소는 77번 이리듐이었다.

1803년, 테넌트는 백금을 추출하고 남은 잔류물에서 발견한 원소를 그리스 신화의 무
지개 여신 아이리스부터 이리듐이라 불렀다. 이 시기에 거대 파충류인 공룡(Dinosaur)
화석도 발견되었다.

약 6500만 년 전, 중생대 쥐라기와 백악기 시대의 절대 강자였던 공룡은 70%의 지구
생명체와 함께 순식간에 사라지고 말았다. 공룡의 멸종 원인은 무엇이었을까? 존재감
이 없던 이리듐은 알바레즈 부자의 운석 충돌설(1977년)의 주인공으로 화려하게 등장
하였다. 이후 이리듐은 많은 이들에게 공룡에 대한 꿈과 환상을 불어 넣고 있다.

---

67. 도량형
길이, 부피, 무게 등을 재는 법 및 기구로서 도는 길이를 재는 자, 양은 부피를 재는 되, 형은 무게를 재
는 저울을 뜻한다.

🔬 아이리스와 미터법

2009년에 방영된 KBS 드라마 '아이리스'는 '국제적 비밀결사' 조직에 의한 한국전쟁을 막으려는 첩보원들의 활약을 다루고 있다. 왜 아이리스였을까? 화려한 무지개 여신의 권모술수를 의미하는 것일까? 눈의 홍채를 뜻하는 아이리스처럼 생체 인식의 최첨단 정보전일까?

이러한 아이리스와는 달리 이리듐은 조건에 따른 길이 변화가 없어 미터법의 표준으로 사용되었다. 미터법은 프랑스에서 기원한 미터(m), 리터(ℓ), 킬로그램(kg) 단위를 기본으로 한 국제적인 십진법 단위계로 야드파운드법의 미얀마와 라이베리아, 미국 단위계[68]의 미국을 제외한 대부분의 나라에서 사용된다. 우리나라는 1961년에 길이의 척(尺)과 무게의 관(貫)을 이용하는 척관법을 미터법으로 변경하였다.

이러한 단위계가 서로 다를 경우 큰 재앙을 초래하기도 한다. 1999년, 화성 궤도에 진입하던 미국의 화성기후탐사선이 타버리고 말았다. 원인은 단위계의 혼동으로 인한 계산착오였다. 탐사선을 제작한 록히드마틴 사는 미터법으로 로켓의 추진력을 설계했지만, NASA는 파운드 단위로 입력한 것이었다. 결국 잘못된 추진력 계산에 의해 탐사선은 예정된 궤도보다 훨씬 안쪽으로 진입하면서 대기와의 마찰로 타버렸다. 이처럼 도량형은 동일한 기준을 제공하는 측정의 언어이다.

🔬 키는 몇 cm?

미터법의 1 m는 어떻게 정의할까? 근대 사회로 접어들면서 교역이 활

---

68. 미국 단위계
야드파운드법과 비슷하지만 부피 단위에서 야드파운드법과 차이가 크다.

발해지자 나라마다 다른 도량형의 문제점이 대두되었다. 1790년, 프랑스는 뛰어난 측정 기술을 바탕으로 북극점에서 적도까지 지구 자오선의 길이를 10,000 km로 하는 미터법을 공포했지만, 초기에 사용했던 백금 표준 미터원기는 열에 취약했다. 1889년, 제1차 국제도량형총회에서는 팽창률이 작고 열에 안정한 백금-이리듐 합금에 새긴 두 세로선 사이의 거리를 1 m로 정의하였다.

그러나 표준 미터원기는 온도에 영향을 받으며, 지구 자오선의 길이도 지구의 냉각과 운석 충돌 혹은 공전 속도에 의해 달라지기 때문에 맥스웰(1831~1879)은 절대적인 질량과 진동 주기, 파장을 갖는 분자로부터 길이를 정할 것을 주장하였다. 1960년, 제11차 국제도량형총회에서는 36번 크립톤의 방출 스펙트럼 파장을 길이의 표준으로 정했다. 그리고 1983년, 빛이 진공에서 1/299,792,485초 동안 간 거리를 1 m로 정하면서 길이는 과학기술로 정확히 측정할 수 있는 시간으로부터 유도되었다.

몸무게는 몇 kg?

질량은 1 L 용기에 채운 물 1 kg을 기준으로 정한 백금-이리듐 합금의 '국제 킬로그램원기'를 표준으로 사용한다. 그러나 킬로그램원기도 미터원기처럼 마모나 이물질 등으로 무게가 달라진다.

어떻게 1 kg을 정의할까? 독일 중심의 국제 공동연구진은 아보가드로 프로젝트로, 미국 등은 와트 저울로 측정한 플랑크 상수로부터 1 kg을 정의하려고 한다.

아보가드로 프로젝트[69]는 아보가드로수를 이용한다. 예를 들어 실리콘

---

69. 아보가드로 프로젝트
자연에서 새로운 1 kg을 찾아라(사이언스타임즈, 2009년 6월)

원자 1 몰의 무게인 28.0855 g에 1000/28.0855를 곱하면 1 kg이다. 그렇다면 엄청나게 큰 수인 1 몰(6.022×10^{23}개)에 해당하는 실리콘을 어떻게 알 수 있을까? 이 프로젝트는 최첨단 반도체 기술로 만든 구형 실리콘의 부피와 원자 수를 X-선법으로 계산한다.

다른 방법은 와트 저울로 플랑크 상수를 계산하는 것이다. 와트 저울에 1 kg의 분동을 올려놓을 때 이를 원위치로 복원시켜 평형을 이루려는 전자기력을 이용한다. 즉, 1 kg은 플랑크 상수가 정확히 6.626068×10^{-34} kgm^2/s가 되도록 작용하는 질량으로 정의된다.

새로운 킬로그램 표준 경쟁에서 화학의 엄청나게 큰 아보가드로수와 물리의 지극히 작은 플랑크 상수 중에서 승자는 누가 될까? 현재 두 방법으로 측정한 1 kg의 차이는 점차 줄어들고 있다.

🔬 암행어사 출두!

고대부터 인류의 경제 활동과 함께 한 뼘, 한 줌 등 신체를 기준으로 한 도량형은 지역과 나라마다 다르게 사용되었다. 진시황(B.C.259~B.C.210)의 대표적인 업적 중 하나는 도량형 통일로, 중국을 단일 경제권의 통일 국가로의 초석을 다진 것이었다.

도량형의 중요성은 조선시대에 지방관을 감찰했던 암행어사가 임금으로부터 받은 네 가지 하사품에서도 나타난다. 그것은 어사 발령장인 봉서, 직무 규정집인 사목, 역졸과 역마를 사용할 수 있는 마패, 그리고 20 cm 정도 길이의 놋쇠 막대에 눈금을 새긴 유척이었다. 암행어사는 지방관들이 세금 징수에 사용하는 자나 되의 크기를 유척으로 측정해서 비리를 감찰했던 것이다. 또한 형벌 도구의 두께나 넓이, 악기 음의 기준이 되는 눈금, 예식용 집기의 규격 등도 유척으로 확인하였다. 탐관오리들이 두려워했던 것은 마패보다 유척이 아니었을까?

🔬 사라진 공룡

공룡과 함께 이리듐을 떠올리게 된 것은 공룡 멸종에 대한 소행성 충돌설 때문이었다. 1977년, 대륙 이동설을 연구하던 알바레즈(1940~)는 이탈리아의 중생대와 신생대 지층 사이에서 77번 이리듐이 유난히 많은 얇은 퇴적층을 발견하였다. 다른 지역의 동일한 지층에서도 많은 양의 이리듐이 발견되었다.

무거운 이리듐은 주로 지구 내부에서 발견되는 원소였다. 그렇다면 퇴적층의 이리듐은 어디에서 온 것일까? 이것은 우주, 즉 운석으로 유추되었다. 일반적인 운석에 함유된 이리듐으로부터 추정된 운석의 직경은 무려 10 km로, 초속 20 km로 지구와 충돌할 경우 그 위력은 수십만 개의 핵폭탄과 같았다. 게다가 충돌로 발생한 엄청난 먼지는 햇빛을 차단하여 식물들의 광합성에 영향을 미치고 매서운 추위가 닥쳐왔을 것이다. 이것으로부터 알바레즈는 소행성 충돌설을 주장한 것이다.

그렇다면 운석이 지구와 충돌한 흔적이 어딘가에 남아 있지 않을까? 많은 사람들이 크레이터를 찾아 나섰다. 1990년, NASA는 과학위성으로 지층의 밀도에 따른 중력가속도로부터 지구 중력을 3차원으로 분석한 결과, 멕시코 유카탄 반도에서 지름이 약 180 km인 소행성 충돌의 흔적을 찾아냈다. 크레이터 바깥쪽에만 존재하는 천연 석회암 우물들도 내부의 우물들은 충돌에 의해 매몰되었다는 증거였다. 그동안 유카탄 반도는 바다로 둘러싸여 있어 퇴적물이 많았고, 지각변동으로 인해 크레이터를 찾을 수 없었던 것이다.

1972년, 경남 하동에서 공룡알 화석과 1982년, 경남 고성에서 수천 개의 공룡 발자국이 발견되면서 우리나라는 백악기 공룡들의 주요 서식지였음이 확인되었다. 특히 해남 우항리에서 발견된 공룡 발자국의 크기는 무려 115 cm나 되었다.

그런데 왜 공룡 뼈는 발견되지 않는 것일까? 우리나라는 지리적으로 산과 수풀이 우거져 있어 사막이나 노출된 지역이 많은 몽골이나 중국, 북아메리카와는 달리 공룡 뼈가 거의 발굴되지 않는다. 또한 주요 평야지대는 이미 도시들이 형성되어 있고, 우리나라의 중생대 지층은 매우 단단하여 공룡 뼈의 발굴은 더욱 어려운 것이다

🎇 이리듐 위성

사하라 사막에서 태평양 위의 여객선 승객과 통화할 수 있을까? 1989년, 66개의 인공위성으로 우주 공간에 위성전화망을 구축하는 이리듐 위성전화 계획이 추진되었다. 기지국 없이 이리듐 위성을 이용하여 사막, 정글, 해상, 어느 곳과도 통화할 수 있도록 하자는 것이었다. 1997년, 첫 번째 위성이 발사된 후 예비 위성까지 72개가 발사되어 이리듐 인공위성망이 완성되었다.

이리듐 인공위성망으로 불린 이유는 초기 계획이 77개의 인공위성을 발사하는 것이었는데, 이들이 지구 상공에 떠있는 모습이 77번 이리듐의 원자 구조를 연상시켰기 때문이었다. 하지만 발사된 72개 중, 실제로는 66개를 사용했으나 66번 디스프로슘은 광석에서 분리하기가 어려워 '도달하기 힘들다'는 부정적인 뜻이 있어 그대로 이리듐 인공위성망이라 불렀다.

그러나 가입자는 5만여 명에 불과했다. 또한 휴대폰 기술의 발달로 기지국을 이용한 무선 통신이 확대되면서 가입자가 줄었으며, 가입자들에 대한 서비스도 만족스럽지 못했다. 결정적으로 이리듐 전화는 빌딩이나

지하철에서는 통화가 되지 않아 이리듐 인공위성망 사업은 공룡이 멸종된 것처럼 끝나고 말았다. 인공위성망 사업에서 도달하기 어려운 것은 디스프로슘이 아닌 이리듐이었던 것이다.

길이의 역사, 1 m

1793년 : 남북극과 적도 사이의 거리의 1/10,000,000을 1 m로 정의
1799년 : 백금으로 된 표준 미터원기의 길이
1889년 : 단면이 X자인 백금−이리듐 합금의 국제 미터원기의 길이
1960년 : 진공에서 크립톤−86 원자의 $2p^{10}$과 $5d^5$ 준위 사이의 전이에 해당하는 복사 파장의 1650763.73배
1983년 : 진공에서 빛이 1/299,792,458초 동안 진행한 거리

질량의 역사, 1 kg

1791년 : 물 1 L를 섭씨 4도에서 측정한 질량을 1 kg으로 정의
1879년 : 영국에서 3개의 백금(90%)−이리듐(10%) 킬로그램원기 제작
1883년 : 그 중 하나를 국제 시제품으로 지정
1884년 : 40개 복사본을 제작하여 미터 조약 회원국에 제공
1889년 : 제1차 국제도량형총회에서 국제 시제품을 킬로그램원기로 지정
1901년 : 1 kg은 국제 킬로그램원기의 질량으로 정의

28

하얀
황금

Sodium, 11Na

소행성 충돌과 같은 특수 상황이 아닌 환경에서 생명체의 생존에 가장 필요한 것은 공기, 물 그리고 소금이다.

그러나 그 무엇도 하나의 원소만으로는 제 역할을 할 수가 없다. 산소와 질소, 이산화탄소 등의 혼합물인 공기, 산소와 수소의 화합물인 물, 그리고 유일한 식용광물인 소금의 염화나트륨도 11번 나트륨과 17번 염소의 화합물이다.

이들 중 소금을 만드는 나트륨과 염소의 화학반응은 극적이다. 나트륨은 물과 폭발적으로 반응하며, 염소는 독가스로 사용되었던 기체였다. 그러나 나트륨과 염소는 전자를 주고받으면서 안정한 소금을 만든다. 우리는 폭발적인 금속 나트륨과 독한 비금속 염소의 화학반응으로 생긴 소금을 날마다 섭취하고 있다.

🐾 소금 한 가마니

월급으로 소금 한 가마니를 받는다면 어떨까? 아서 밀러(1915~2005)의 희곡 '어느 샐러리맨의 죽음'에서 주인공은 오로지 가족만을 위하여 살아왔다. 하지만 아들들은 타락했고, 그는 평생직장으로 믿었던 보험사에서 해고를 당한다. 결국 그는 아들의 이름으로 보험을 가입한 뒤 자동차 사고로 위장한 자살을 선택한다. 샐러리맨은 노동의 대가로 급여를 받는 반복된 삶에 지친 우울한 현대인의 자화상을 나타낸다.

원래 샐러리맨은 우울한 것일까? 샐러리는 소금을 지급한다는 '샐러리움'에서 유래한다. 냉장고가 없던 시절 소금은 음식의 맛을 내고 육류나 생선 등을 저장하는 데 필요한 조미료로, '하얀 황금'으로 불렸다. 음식을 염장 처리하면 박테리아나 곰팡이는 소금에 의한 삼투현상으로 수분이 빠져나가 죽기 때문에 번식할 수 없다. 로마시대에는 소금을 화폐로도 사용했다. 특히 '솔저solder'는 소금을 급여로 지급받는 군인으로, '샐러리맨'은 용감한 군인이었던 것이다.

삼투현상

농도가 다른 두 용액을 반투과성 막으로 분리할 때 농도가 더 진한 쪽으로 용매가 이동하는 현상이다. 짠 음식을 섭취하여 혈액의 염도가 높아지면 삼투현상으로 적혈구 내 수분이 감소하여 적혈구 기능이 저하된다. 또한 혈관 밖 수분이 안으로 유입되어 혈액량이 늘어나면서 고혈압의 원인이 되기도 한다.

화를 돋우거나 더 큰 낭패를 당했을 때 사용하는 '염장 지르다'에서 '염장(鹽醬)'은 소금과 간장을 의미한다. 상처에 소금을 뿌리면 삼투현상으로 인해 고통이 더욱 심해진다. '염장(鹽醬)'은 염통의 '염'에 내장의 '장'을 합친 심장을 의미하기도 한다. 심장을 찌르듯이 아프게 한다거나, 삼국사기의 장보고(?~846)가 심복 염장(閻長)에게 살해당한 것에 빗대어 안타까운 마음을 표현한 것이라고 한다.

🔬 빛과 소금

소금이 없는 삶은 빛이 없는 세상과 같다. '평양감사보다 소금장수'라는 속담처럼 소금은 부를 축적할 수 있는 무역품이었고, 소금 교역로가 발달된 소금 생산지는 무역 중심지로서 역사의 한복판에 있었다. 특히 인류 역사의 흐름을 바꾼 프랑스 대혁명(1789~1794)과 인도 독립(1947년)은 소금에 의해 촉발된 혁명이었다.

신분제 사회였던 프랑스에서는 제1신분인 성직자와 제2신분인 귀족은 세금을 면제받았으나, 시민들은 인두세, 소득세 등의 각종 세금을 내야 했다. 특히 8세 이상은 소금세가 포함된 정부의 비싼 소금을 일정량 이상 구매해야만 했다. 게다가 소금세를 징수하던 세금 청부업자들의 횡포는 극에 달했다. 단두대에서 처형된 근대화학의 아버지 라부아지에도 세금 조합원이었다. 해마다 소금세로 수만 명이 투옥되고 수백 명이 처형되자, 성난 파리 시민들이 바스티유 감옥을 습격하면서 프랑스 대혁명의 서막이 올랐던 것이었다.

인도를 해방시킨 것도 소금이었다. 1930년, 영국이 인도의 소금 생산을 금지하고 과도한 소금세가 부과된 영국산 소금을 판매하면서 인도 경제는 파탄 지경에 이르렀다. 특히 채식 위주의 식생활을 하는 인도인들은 땀을 많이 흘렸기 때문에 소금 섭취는 매우 중요했다. 이에 간디(1869~1948)는 인도가 직접 소금을 생산할 것을 호소하면서 아메다바드에서 단디 해변까지 78명과 함께 360 km에 걸친 소금 행진을 시작했다. 가혹한 탄압에도 인원은 불어났고 기마대의 폭력에도 저항하지 않았다. 해변에 도착한 간디 일행은 주전자에 바닷물을 끓여서 소금을 만들었다. 소금법을 위반한 간디와 6만여 명이 체포되었지만 소금은 계속 생산되었다. 간디의 비폭력 무저항주의 시민 불복종 운동은 전 세계의 이목을 집중시켰고 결국 영국은 물러설 수밖에 없었던 것이다.

🦠 염부의 사랑

농작물 수확을 위해 한여름 뙤약볕 아래서 밭이랑을 고르는 수고를 마다하지 않는 농부처럼, 염부도 양질의 소금 생산을 위해 염전에서의 써레질을 쉬지 않는다.

소금은 바닷물이 저수지와 증발지 및 결정지에서의 증발과 결정화를 거쳐서 생산된다. 염전 아래쪽 저수지에서 이물질을 거른 바닷물은 증발지로 옮겨진다. 이곳에서 태양과 바람에 의해 염도가 높아진 바닷물은 결정지로 옮겨지며 소금 꽃이 피기까지 한 달 정도가 걸린다. 소금은 창고에서 6~12개월 정도 간수[70]를 빼면 미네랄이 풍부한 천일염이 된다.

바닷물은 소금의 짠 이미지를 떠올리게 하지만, 바닷물을 전기분해하면 산업에 중요한 수소와 염소 기체가 발생하고 수산화나트륨이 남는다. 수소는 암모니아 합성에, 암모니아는 비료 생산에 사용된다. 염소는 소독제나 표백제에 사용되며, 염기성 물질인 수산화나트륨은 제지, 방직, 식음료, 비누 등의 제조에 널리 사용된다. 바닷물은 하나도 버릴 것이 없는 산업 원료인 것이다.

---

70. 간수
소금을 결정화시킨 후 남은 바닷물로서 칼슘이나 마그네슘이 많다.

소금고을

전 세계적으로 바다에 둘러싸여 있는 곳은 많지만 서해안처럼 바닷물을 가둘 수 있는 갯벌은 많지 않다. 그래서 천일염은 우리나라와 서유럽, 멕시코 등 일부에서만 생산된다. 전 세계 소금의 90% 정도는 바다였던 곳이나 소금 호수에서 생산되는 돌소금이다. 돌소금은 오랜 기간 동안 결정화 과정에서 미량 성분들이 빠져나와 천일염보다 염도가 높다.

돌소금으로 유명한 곳은 어디일까? 사운드 오브 뮤직, 비엔나 커피, 모차르트의 고향인 오스트리아 잘츠부르크는 '소금의 도시'라는 뜻이다. 이곳은 바다가 솟아올라 형성된 알프스의 암염을 캐기 위해 잘츠 강을 따라온 사람들에 의해 형성된 소금 무역 중심지였다. 록키 산맥에 자리 잡은 미국의 솔트레이크 시티는 염도가 바닷물보다 높은 소금호수 근처에 있으며, 중국의 염성(옌청)도 소금 도시였다.

서울시 강서구 염창동(鹽倉洞)[71]은 조선시대 때 서해안 염전에서 올라온 소금을 보관하던 창고가 있던 곳이며, 마포구 '염리동(鹽里洞)'은 소금장수들이 많이 살았던 소금고을이다. 천일염 젓갈과 염전으로 유명한 태안의 곰소는 소곰에서 유래하였다. 소금은 농경사회에서 가장 중요했던 소(牛)와 금(金)에 비유되어 소금이라 불렸다고도 한다.

헷갈리는 간장

소금과 함께 중요한 조미료인 간장은 한식간장, 양조간장, 산분해간장, 혼합간장 등 종류가 많고, 한식간장은 조선간장, 집간장, 재래간장, 국간장

71. 염창동
지명이 품은 한국사 1, 이은식, 타오름, 2010

등 다양한 이름으로 불린다.

한식간장은 콩으로 쑨 메주를 소금물에 담가서 일 년 정도 숙성시킨 후 메주를 건져 내고 달여 만들며, 콩이 발효되는 과정에서 여러 유기물이 만들어져 특유의 향이 난다. 양조간장은 콩이나 밀가루에 유용한 곰팡이로 6개월 정도 발효시켜 단백질이나 전분 등을 분해한 후 소금 등을 첨가하여 만든다. 국이나 찌개에는 주로 한식간장, 조림이나 찜에는 양조간장을 사용한다. 이들 간장은 숙성과 발효에 많은 시간이 걸린다.

간장을 속성으로 만들 수는 없을까? 화학반응을 이용한 산분해간장은 콩이나 탈지대두[72]를 염산으로 분해한 후 수산화나트륨이나 탄산나트륨으로 중화시켜 만든다. 콩 단백질은 염산에 의해 간장 맛을 내는 아미노산으로, 탄수화물은 당분으로 분해되기 때문에 화학간장 혹은 아미노산간장으로도 불린다. 염산 대신에 효소로 분해하면 효소분해간장이다. 혼합간장은 느림의 미학인 양조간장과, 속성의 산물인 산분해간장을 섞어 만든 간장으로 왜간장, 진간장이라고도 한다.

산분해간장의 유해성 논란은 왜 생길까? 독극물인 염산과 수산화나트륨이 간장에 남아있기 때문일까? 염산과 수산화나트륨은 1 : 1로 반응하면 산·염기 반응에 의해 물과 소금만 남게 된다. 화학반응에 의해 물질의 성질이 완전히 바뀌며 소금을 넣지 않아도 짠 맛이 난다. 문제는 잔류하는 반응물이 아니라, 탈지대두에 남은 지방과 염산의 반응으로 암을 유발하는 염소 화합물들이 생긴다는 점이다.

소금과 간장에 많이 들어있어 고혈압, 심장병, 뇌졸중의 원인으로 지목되어 현대인의 식단에서 기피 대상인 나트륨! 그러나 나트륨은 체내 수분과 전해질 균형을 유지하며, 19번 칼륨과 함께 전기 신호로 자극을 신경에

---

72. 탈지대두
기름을 짜낸 콩으로서 주로 단백질과 탄수화물로 구성된다.

전달하여 근육과 몸을 움직이는 역할을 한다. 다만, 인스턴트 식품이나 짠 음식으로 나트륨을 과다하게 섭취하는 사람에게 문제가 되는 것이다.

• • • • •

식품공전에 제시된 소금의 종류

천일염
염전에서 해수를 자연 증발시켜 얻은 결정으로 미네랄이 풍부함

재제소금
천일염을 녹인 후 재결정시켜서 만든 소금으로 꽃소금이라고도 함

정제소금
바닷물에서 이온교환수지로 순수한 염화나트륨을 분리한 소금

가공소금
천일염, 재제염, 정제염에 식품첨가물을 넣어 가공한 소금으로 맛소금이 있음

태움.용융소금
소금을 대나무 등에 넣어 태워서 만든 죽염과 같은 소금

기타소금
자염 : 우리나라 전통 소금으로 염도를 높인 개흙을 말린 후 바닷물로 추출한 함수를 가마솥에 끓여 만든 소금

암염 : 석염.돌소금이라고도 함. 바닷물이 증발하여 광물로 남아 있는 소금

118 원소들의
LIVE 케미스토리

2019년 4월 10일 1판 1쇄 인쇄
2019년 4월 15일 1판 1쇄 발행

지은이 홍영식
펴낸이 조승식
펴낸곳 (주)도서출판 북스힐
등록 1998년 7월 28일 제22-457호
주소 01043 서울시 강북구 한천로153길 17
홈페이지 www.bookshill.com
전자우편 bookshill@bookshill.com
전화 (02) 994-0071
팩스 (02) 994-0073
값 11,000원
ISBN 979-11-5971-182-4